Carsten Bothe

Das Messerbuch

VENATUS
Verlags-GmbH

Carsten Bothe

DAS MESSER BUCH

VENATUS Verlags-GmbH

Die im Buch genannten Methoden und Anleitungen sind von Autor und Verlag sorgfältig erarbeitet und geprüft worden. Da sie ohne Einfluß und Kontrolle des Autors oder Verlages angewendet werden, müssen wir – Autor, Verlag und dessen Beauftragte – leider jegliche Haftung und Gewährleistung für Personen-, Sach- und Vermögensschäden ausschließen. Die Anwendung geschieht auf eigene Gefahr!

Köterei 15
38108 Braunschweig
Telefon: 0531-377512
Telefax: 0531-377538

ISBN 3-932848-00-4

Bildnachweis:
Umschlagfoto: MPP Wolfenbüttel
Die übrigen Bilder stammen vom Autor oder aus dem Archiv Hubertus
Die Messer auf dem Umschlagfoto stellten zur Verfügung: Norservice Albicker, Cold Steel (Haller Stahlwarenhaus), Der Fleißige Biber, Hubertus

Zeichnungen: Matthias Wilcke
Satz und Layout: Carsten Bothe
Umschlaggestaltung: Lohengrin Marketing Services, Braunschweig
Druck: Grindeldruck Hamburg
Buchbinderei: Büge, Celle
Schrift: Arial
Papier: 100 g Nonstop
Umschlag: 220 g Chromsulfatkarton

Gewidmet meinem väterlichen Freund Herbert Arend, der mir einen Großteil des Wissens in diesem Buch beigebracht hat, und der mit mir das Schicksal teilt, mindestens hundert Jahre zu spät geboren zu sein.

Leider konnte er dieses Buch nicht mehr in Händen halten.

Inhalt

Vorwort

Lange habe ich gezögert, dieses Buch zu schreiben. Aber die vielen Messer, die ich in letzter Zeit zum Schleifen bekommen habe zeigen deutlich: Von der Pflege selbst teuerster Messer ist so gut wie nichts bekannt. Außerdem ist kaum ein Messerkäufer in der Lage, gute und schlechte Qualität zu erkennen. Der Kauf von qualitativ guten Messern gerät zur Glückssache. Ich möchte in diesem Buch dem Leser helfen, Fehlkäufe zu vermeiden.

Ganz besonders liegen mir die Äxte und Beile am Herzen. Mit dem Siegeszug der Motorsäge sind sie aus dem Wald verschwunden, und mit ihnen auch das Wissen um eines der ältesten Werkzeuge der Menschheit. Dieses Wissen möchte ich in einem extra Kapitel dem Vergessen entreißen.

Sieht man sich die verschiedensten Schleifgeräte an, die überall angeboten werden, ist man versucht zu glauben, daß ein Buch wie dieses überflüssig ist. Schaut man aber in diverse Werkzeugschubladen oder Besteckkästen, oder sieht einem Jagdfreund über die Schulter, entdeckt man das, was es eigentlich nicht mehr geben kann: stumpfe Messer. Dabei ist jeder in der Lage, mit dem richtigen Wissen und wenig handwerklichem Geschick, eine Klinge wieder so zu schärfen, daß sie ihren Dienst erfüllt. Das ganze ist sehr leicht zu erlernen, die Werkzeuge kosten nicht viel Geld, und es funktioniert.

Hört sich eigentlich verlockend an, bleibt nur noch die Frage nach dem Haken an der Sache: Es gibt keinen! Tun Sie das, was in diesem Buch steht, und ihr Messer ist in kurzer Zeit so scharf, daß Sie sich die Haare vom Unterarm rasieren können. Wenn nicht, dann schicken Sie mir das Buch, und Sie erhalten Ihr Geld zurück. Das garantiere ich Ihnen!

Viele Dinge konnten in diesem Buch noch nicht aufgenommen werden. Auch wird der eine oder andere Leser noch interessante Informationen beisteuern können. Ich freue mich über jede Zuschrift.

Braunschweig, im Januar 1997

Carsten Bothe

1 Das Material

1.1 Der Stahl

1.1.1 Allgemeines und Geschichte

In jedem Messerbuch werden lange Tabellen mit den einzelnen Legierungsbestandteilen der Stähle abgedruckt, und so soll es dann auch in diesem Buch geschehen.

Werkstoff-Nummer	Bezeichnung nach DIN	Bezeichnung in Amerika	Anteil Carbon	Anteil Mangan	Anteil Silizium	Anteil Chrom	Anteil Molybdän	Anteil Vanadium
1.4034	X40Cr13	420	0,4	1,0	1,0	13,0	–	–
1.4110	X55CrMo14	440 A	0,55	1,0	1,0	14,0	0,55	–
1.4111	X110CrMoV15	–	1,1	1,0	1,0	15,0	0,5	0,12
1.4112	X90CrMoV18	440 B	0,9	1,0	1,0	18,0	1,0	0,1
1.4116	X45CrMoV15	–	0,45	1,0	1,0	15,0	0,5	–
1.4125	X105CrMo17	440 C	1,1	1,0	1,0	17,0	0,6	–
1.2379	X155CrVMo121	D 2	1,55	0,3	0,25	12,0	0,7	1,0
–	–	CPM T 440 V*	2,2	0,5	–	17,5	0,5	5,75
–	–	154 CM **	1,0	0,4	0,15	13,6	3,5	–

* Pulvermetallurgischer Stahl, ** = ATS 34

Nur, was hilft das dem Leser weiter? Da ich davon ausgehe, daß nur ein Bruchteil der Leser mit dieser Tabelle etwas anfangen kann, erkläre ich die wichtigen Sachen so, daß es auch ein Laie versteht. Die Geschichte mit der Kristallstruktur und wie sie sich verändert, bei welchen Temperaturen sich der Kohlenstoff wo im Raum befindet und was das für Auswirkungen hat, lasse ich der Einfachheit halber weg.

Am einfachsten geht man bei dem Klingenmaterial und dessen Entwicklung chronologisch vor: Schon etliche hunderttausend Jahre gibt es die Notwendigkeit, Essen zu zerschneiden. Zuerst hat der Mensch spitze und scharfe Steine dazu verwandt, dann Kupfer. Das Kupfer eignet sich aus zwei Gründen für Werkzeuge: erstens hat es einen relativ geringen Schmelzpunkt, kann somit in einfachen Feuern geschmolzen werden, und zweitens läßt sich die Härte von Kupfer durch Hämmern steigern. Trotz dieser beiden guten Eigenschaften ist Kupfer immer noch zu weich, um dauerhafte Messer daraus zu fertigen. Das sieht man daran, daß auch während der Kupferzeit und danach immer noch Messer aus Stein verwendet wurden. Die kurzen Klingen aus Stein waren für die Hausarbeit, die langen Klingen aus Kupfer – die so aus Stein nicht oder nur schwer herzustellen sind – waren für den Krieg oder die Jagd bestimmt.

Die Menschen erkannten aber sehr schnell, daß sich die Eigenschaften des Kupfers wesentlich verbessern lassen, wenn man andere Metalle dazu legiert. So entstanden die Buntmetalle wie Messing und – wichtiger – die Bronze.

Die Menschen hatten inzwischen gelernt, daß man aus „Steinen" Metalle schmelzen kann. Der nächste Schritt war dann, Eisen zu verhütten. Das ist aber wesentlich schwieriger, weil die benötigten Temperaturen nur erreicht werden, wenn man die Holzkohleöfen mit zusätzlicher Frischluft versorgt. Das Verhütten der Eisenerze in diesem Ofen ist aufwendig, die Ausbeute liegt immer nur im Bereich von wenigen hundert Gramm. Die primitiven Öfen sind nicht in der Lage so hohe Temperaturen zu erzeugen, daß flüssiges Eisen abgestochen werden kann. Die Ausbeute lag in der Schlacke in Form von Eisenkugeln von Erbsen- bis Kirschgröße vor. Die Schlacke wurde zerschlagen, die Eisenstücke wurden eingesammelt und zu größeren Stücken zusammengeschmiedet. Bronze konnte dagegen leichter verarbeitet werden, da sie vergossen werden kann.

Die Eisenklumpen in der Schlacke hatten aber nicht die Qualität, die für dauerhafte Klingen notwendig ist. Die Stücke hatten Einschlüsse aus Schlacke, die im Werkstück als Sollbruchstelle wirken. Um das auszuschließen, wird das Metall geschmiedet. Dabei werden alle Lunker und Einschlüsse entfernt. Der Schmied muß das Werkstück lange durchschmieden. Genau wie bei einem Kuchenteig: Der Teig muß lange durchgeknetet werden, damit sich die Masse ausgleicht und die Zutaten gleichmäßig verteilt sind. Von der chemischen Zusammensetzung her ist das Eisen aus diesen Öfen sehr arm an Kohlenstoff und somit nicht zu härten, und somit für Messerklingen nicht zu gebrauchen. In das Eisen muß Kohlenstoff in einer Konzentration von 0,1 - 1,7% vorliegen, um das Eisen zu Stahl (schmiedbares und härtbares Eisen) zu machen. Aber erst bei einem Kohlenstoffgehalt von 0,4% nimmt der Stahl eine für Klingen ausreichende Härte an.

Da die Technik noch nicht in der Lage war, Eisen zu verflüssigen, konnte man nur „aufkohlen" (mit Kohlenstoff anreichern), indem man das Eisen zu Stangen schmiedete, in Tontöpfe steckte und mit Kohle (Lederkohle oder pulverisierte Holzkohle) auffüllte. Die Tontöpfe wurden dann verschlossen und über etliche Tage das Eisen darin zur Weißglut erhitzt. Dabei konnte der Kohlenstoff in das Eisen eindringen und den Gehalt erhöhen. Das geschieht aber nur sehr langsam und ungleichmäßig, die

Außenschichten haben eine höhere Konzentration als die inneren Schichten. Waren die Tontöpfe nach mehreren Tagen abgekühlt, wurden die Stahlstangen herausgenommen und lange durchgeschmiedet, um die Konzentrationen auszugleichen. Härtbarer Stahl war somit noch kostbarer als weiches Eisen.

Im Hüttenwesen gab es dann verschiedene Zwischenstufen in der Eisenproduktion, die hier aus Gründen der Vereinfachung weggelassen werden. Der aktuelle Stand der Technik ist der Hochofen. In diesem Ofen wird Eisenerz und Kohle zusammen eingefüllt. Beim Weg von oben nach unten durch den Ofen wird das Eisenerz ausgeschmolzen und mit Kohlenstoff angereichert. Der Kohlenstoff aus der Hochofenkohle hat Zeit, in den flüssigen Stahl einzuwandern. Die hohen Temperaturen werden unter anderem dadurch erreicht, daß die Luft, die dem Hochofen zugeführt wird, auf rund 400°C erhitzt ist. Der flüssige Abstich aus dem Hochofen hat einen Gehalt von 2,5 bis 4,5% Kohlenstoff. Also genau das Gegenteil zu den vorher genannten Öfen, die Eisen mit einem viel zu geringen Anteil an Kohlenstoff erzeugen. Hochofeneisen hat so viel Kohlenstoff, daß es sogenanntes „Gußeisen" wird, nicht mehr geschmiedet werden kann und sehr spröde ist.

Dieser hohe Kohlenstoffanteil wird dadurch verringert, daß in einem großen Behälter (Thomasbirne) Luft von unten durch das flüssige Eisen geblasen wird. Der Luftsauerstoff verbindet sich mit dem Kohlenstoff und anderen Verunreinigungen, verbrennt sie, und verringert so den Gehalt auf 0,1 bis 1,7%. Das Eisen wird schmiedbar und verdient die Bezeichnung Stahl.

Nochmals der Unterschied zwischen Eisen und Stahl: Stahl ist jedes ohne Nachbehandlung schmiedbare Eisen, der Gehalt an Kohlenstoff liegt zwischen 0,1 und 1,7%, dann kann er auch gehärtet werden. Über 1,7% Kohlenstoffanteil kann man Stahl nicht mehr schmieden, es wird zu Grauguß. Stahl kann noch mit anderen Elementen legiert, also zusammengeschmolzen sein.

1.1.2 Was macht den Stahl hart?

Wie schon ausgeführt, ist Stahl erst mit dem Kohlenstoff-Zusatz härtbar. In dem Eisengefüge liegen die Eisenatome nicht einfach wild vor, sondern sind in einem Kristallgitter geordnet.

Aus dem einfachen und weichen Kristallgitter kann man die Moleküle herausreißen – dadurch wird das Messer abgestumpft. Sind in dem Stahl noch weitere Metalle außer Eisen zugeschmolzen, dann bilden sie zusammen mit dem Kohlenstoff die sogenannten Karbide. Der Name kommt von dem beteiligten Kohlenstoff, auch Karbon genannt. Neben dem schon genannten Chrom bilden auch andere Metalle – Kobald, Titan, Wolfram, Molybdän oder Vanadium – mit dem anwesenden Kohlenstoff extrem harte Karbide, die sich aus dem Kristallverband schlecht herausreißen lassen. Der legierte Stahl hat also mit vielen Karbiden bessere Schneideigenschaften als ein Stahl nur aus Eisen und Kohlenstoff. Dabei können die beiden Klingen durchaus die gleiche Härte auf der Rockwell-Skala besitzen.

1.1.3 Wie ermittelt man die Härte einer Klinge?

Die Härteprüfung wird nach dem von Rockwell erarbeiteten Verfahren dadurch vorgenommen, daß man einen Diamant-Kegel mit einer definierten Kraft (150 kg = 1471 Joule) in das Metall hineindrückt und dabei feststellt, wie tief er eindringt. Die Probe wird auf dem Meßtisch des Prüfgerätes befestigt. Dann wird über eine Druckspindel ein Diamant-Kegel mit 120° Öffnungswinkel auf die Probe gesenkt und mit 150 kg belastet. Dabei dringt der Diamant in die Oberfläche der Probe ein. Auf der angeschlossenen Meßuhr kann man ablesen, wie tief der Diamant eingedrungen ist. Je tiefer er eindringt, desto weicher ist der Stahl. Die Meßuhr ist gleich in Härtegraden geeicht, so daß die Härte direkt in HRC (Hardness Rockwell Cone) abgelesen werden kann.

1.1.4 Rostfreier Stahl

Als rostfrei (stainless) gilt ein Stahl mit mehr als 13% Chrom. Aus metallurgischen Gründen ist ein Stahl mit 13% Chrom nur dann rostfrei, wenn der Kohlenstoffanteil höchstens 0,5% beträgt. Bei einem höheren Gehalt an Kohlenstoff muß man auch mehr Chrom zusetzen.

1.1.5 Damaststahl

Was ist eigentlich Damaststahl? Der Name kommt von der Stadt Damaskus, in der – so die Sage – dieser Stahl zuerst hergestellt wurde. Zumindest – das ist belegt – wurde dort der Stahl gehandelt.

Um das Phänomen des Damaststahles zu erklären, ist wieder ein Ausflug in die Geschichte notwendig. Stahl und Eisen standen den Menschen bis vor wenigen Jahrzehnten/Jahrhunderten nur in geringem Umfang zur Verfügung. Aber nicht nur das, eine Klinge nur aus hartem Stahl hat den

Nachteil, daß sie leicht bricht. Eine Klinge soll grundsätzlich zwei Anforderungen erfüllen: erstens soll sie hart sein, um die Schärfe zu halten, andererseits aber auch in gewissem Maße flexibel, um bei Beanspruchung nicht zu brechen. Um diesen Anforderungen gerecht zu werden, legen die Damastschmiede weiches Eisen (damals billig) und härtbaren Stahl (damals teuer) in abwechselnden Schichten übereinander, um sie dann im Feuer zu verschweißen. Das verschweißte Paket wird dann immer wieder gestreckt, umgelegt und verschweißt, bis die Lagen dünn und miteinander fest verbunden sind. Man kann durch geschickt angebrachte Kerben und andere Manipulationen wie Falten oder Verdrehen das Muster der fertigen Klinge beeinflussen. Die Klinge erhält dann die beiden Eigenschaften der Ausgangsmaterialien: Hart und dabei gleichzeitig elastisch.

Das Muster auf der Klinge wird erst dann richtig sichtbar, wenn die Klinge mit Säure behandelt wird. Die weichen Eisenteile werden etwas schneller angegriffen und etwas tiefer abgetragen als die harten Stahlanteile. Zusätzlich wird die Oberfläche durch die Säure grau gefärbt. Damastklingen sind meist nicht rostfrei und sollten immer mit einer dünnen Schicht säurefreien Öls konserviert werden.

Wegen der schönen Zeichnung ist Damaststahl inzwischen bei den Messersammlern sehr beliebt. Kaum eine Messerfirma kommt ohne Sammlermesser mit Damastklinge im Sortiment aus.

Die Beliebtheit der Damastklingen zusammen mit dem durch die Handarbeit bedingten hohen Preis führt auch dazu, daß im Handel Klingen angeboten werden, die das Muster nur aufgeätzt haben. Bei anderen Klingen wird Damast nur vorgetäuscht, indem auf einen Trägerstahl von beiden Seiten dünne Bleche aufgeschweißt werden. Das typische mehrfache Falten und Feuerverschweißen findet natürlich nicht statt. Um die echten von den falschen Damastklinge zu unterscheiden, bedarf es langer Übung und großer Erfahrung.

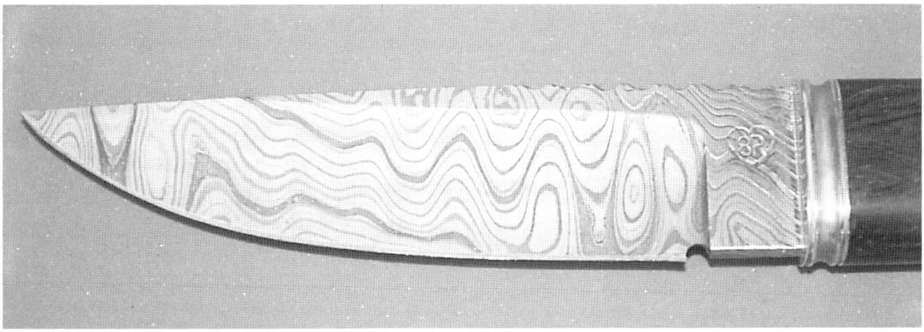

Klinge aus Damaststahl

1.1.6 Dreilagenstahl

Der Dreilagenstahl wird vorwiegend im Nordischen Raum hergestellt. Die Klinge besitzt einen Kern aus hartem Stahl. Der Rest der Klinge – Seiten und Rücken – ist aus weicherem Material. Durch diesen Aufbau spart man erstens den teuren Stahl und zweitens wird so die Klinge wesentlich flexibler und bricht nicht so leicht. Die Schneide hat eine große Härte jenseits von 60 Rockwell. Um die Klinge herzustellen, faltet der Schmied das weiche Blech für den Klingenkörper wie ein Winkeleisen und setzt dann das Stahlstück in die Kerbe. Im Feuer wird beides miteinander verschweißt. Nach dem Ausschmieden der Klinge wird diese in Form geschliffen. Dabei tritt die Grenze zwischen den Lagen an der Seite der Klinge zutage. Bei genauem Hinsehen kann man die beiden unterschiedlichen Materialsorten erkennen.

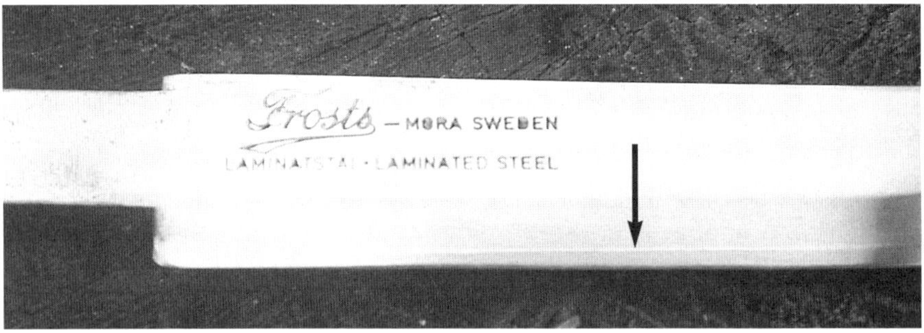

Dreilagenstahl (Pfeil auf der Trennlinie zwischen Stahl und Eisen)

1.1.7 Pulvermetallurgischer Stahl

Eine interessante Erfindung ist der pulvermetallurgische Stahl. Der Gedanke dabei ist, mehr von den gewünschten Legierungselementen in der Schmelze unterzubringen, als eigentlich hineinpaßt, um die guten Eigenschaften noch zu verbessern. Vergleichen kann man das mit einer Suppe, die im heißen Zustand viel Fett löst, aber beim Erkalten das Fett als Schicht auf der Oberfläche abscheidet. Genau das Gleiche geschieht beim Stahl. In der heißen Schmelze sind viel mehr Legierungsbestandteile, als der Stahl beim Erkalten aufnehmen kann. Normalerweise würde sich das „Überflüssige“ absetzen, wenn die Schmelze erkaltet. Um dieses Absetzen zu verhindern, wird der flüssige Stahl zu einem feinen Nebel in einer Schutzgas-Atmosphäre zerstäubt und er rieselt erkaltet als feines Pulver herunter. Die Schmelze ist dabei so schnell abgekühlt, daß der Kohlenstoff zum Absetzen keine Zeit hatte.

Stahl hat normalerweise nicht mehr als 1,7% Kohlenstoffanteil, weil er nur bis zu diesem Gehalt geschmiedet werden kann. Darüber hinaus gilt die Legierung als Gußeisen, weil der Kohlenstoff nicht die erwünschten Karbide bildet, sondern sich komplett als Graphit absetzt, was zu der spröden und brüchigen Struktur führt. Das Pulver aus dem oben geschilderten Prozeß hat (bei der Sorte CPM T 440 V) einen Kohlenstoffanteil von 2,2%, aber dabei Karbide gebildet, zusammen mit den anderen Legierungsbestandteilen. Besonders wichtig ist der mit 5,75% sehr hohe Anteil an Vanadium, daß extrem harte Karbide bildet. Man hat also mehr „gute Zutaten" in den Stahl gebracht, als eigentlich hineinpassen, und so erhält man Eigenschaften außerhalb der Leistungsgrenzen „normaler" Legierungen.

Das Pulver wird zusammengefegt und in einer Form gepreßt, dann erhitzt und knapp unter dem Schmelzpunkt verbinden sich die Pulverkörner untereinander. Vergleichen kann man das mit einer Frikadelle, bei der die Fleischkörner auch unter Druck und Hitze zusammengebacken werden.

1.2 Der Griff

Ein wichtiger Teil an einem Messer ist der Griff, und der besteht normalerweise aus einem extra Griffmaterial. Die Messer, die nur aus einem Stück Stahl bestehen, sind relativ selten. Als Griffmaterialien werden jedoch viele Werkstoffe benutzt, die sich von den Materialeigenschaften her eigentlich weniger dafür eignen. Gutes Griffmaterial sollte sich gut anfassen, leicht sauberzuhalten und natürlich auch dauerhaft sein.

Bei Holz kommen die Arten in Frage, die nicht nur sehr dicht gewachsen sind; das Holz sollte auch einen hohen Gehalt an natürlichen Ölen aufweisen, damit es nachher am Messer nicht schrumpft. Am besten erfüllen tropische Hölzer diese Anforderungen. Vor der Verarbeitung sollten die Hölzer einige Jahre schon in kleine Stücke geschnitten liegen, damit sich der Feuchtigkeitsgehalt ausgleichen kann. Die Hirnflächen werden in flüssiges Paraffin (oder Kerzenwachs) getaucht, damit die Klötze nicht reißen. Die Hölzer sollten bei der Verarbeitung soviel Feuchtigkeit enthalten wie später bei der Verwendung. Wird ein zu feuchtes Holz mit dem Metallteilen des Messers zusammen plangeschliffen und verliert nachher noch Feuchtigkeit, dann schwindet es. In der Folge schließen Metall und Holz nicht mehr bündig ab. Zudem stehen die Griffschalen unter Spannung, weil sie ja noch vom Kleber gehalten werden.

Gutes Griffholz hat eine hohe Dichte und es ist bezogen auf das Volumen sehr schwer. Die Nachteile von Holz – beispielsweise das Schwinden –

nimmt man aber in Kauf, weil die guten Eigenschaften es wert sind: Griffigkeit auch mit feuchten Händen und das warme Gefühl bei Kälte.

Möchte man ein Griffmaterial, das nicht wie Holz arbeitet, dann kann man zu Micarta greifen. Dabei handelt es sich um organische Substanzen – Holz, Papier, Segeltuch –, die mit Kunstharzen getränkt und gepreßt sind. Dadurch verlieren sie etwas von den Holzeigenschaften wie Griffigkeit und Wärmeempfinden, schwinden aber nicht mehr. Ein einmal ausgearbeiteter Griff behält seine Form und bleibt spannungsfrei. Nachteilig bei der Verarbeitung ist, daß man den giftigen Schleifstaub nicht einatmen sollte.

Ein anderes Material, das nicht arbeitet, ist Hirschhorn. Das industriell verwandte Hirschhorn ist meist indisches Sambar-Hirschhorn, da dieses wenig Mark enthält. Auch ist es billiger, weil das arbeitsintensive Zuschneiden der Griffschalen an Ort und Stelle – also in Indien – günstiger zu haben ist. Hirschhorn kann nur von Hand montiert werden, weil die Oberfläche ungleichmäßig ist und die Nieten daher unterschiedliche Längen haben.

Auch aus Büffelhorn kann man Griffe fertigen kann. Dabei werden die Hornspitzen gekocht – nur diese sind massiv, die unteren drei Viertel sind hohl – und in Form gepreßt. Nach dem Erkalten werden die Griffe herausgesägt. Büffelhorn ist umso wertvoller, je dunkler es ist und je weniger helle Einschlüsse es aufweist. Da das Material Horn nicht austrocknen darf, sind die Griffe am schönsten, die ständig in Gebrauch sind. In zentralbeheizten Räumen mit der dort typischen geringen Luftfeuchtigkeit splittern die einzelnen Hornfasern ab und der Griff wird unansehnlich.

Mit das edelste Material mit den besten Griffeigenschaften ist Elfenbein. Es faßt sich außerordentlich gut an, und wird daher auch für Klaviertasten benutzt. Man sollte ein Messer mit Elfenbeingriff ständig benutzen, das bekommt dem Material am besten. In trockener Luft reißt das Elfenbein, und der Griff ist zerstört. Leider führten die Embargo-Aktionen von Tierschützern dazu, daß dieses Material nur noch unter großen Schwierigkeiten legal zu beschaffen und zu besitzen ist. Beim Grenzübertritt mit einem Messer mit Elfenbeingriff benötigt man nicht nur eine CITES-Bescheinigung (gem. Washingtoner Artenschutzübereinkommen), sondern auch noch eine Ausfuhr- und eine Einfuhrgenehmigung.

Da echtes Elefanten-Elfenbein zwar wieder ausreichend vorhanden, aber wegen der gesetzlichen Bestimmungen nicht mehr ausreichend verfügbar ist, hat sich in den letzten Jahren Mammut-Elfenbein einen festen Platz auf dem Markt erobert. Das Mammut ist bereits einige tausend Jahre ausgestorben, seit dem liegen die Zähne in der Erde. Der Handel mit diesem

Elfenbein hat in den letzten Jahren einen großen Aufschwung erlebt. Das Mammut-Elfenbein wird in nordischen Ländern, besonders in Sibirien, im Permafrostboden gefunden. Die Öffnung der ehemaligen russischen Staaten nach Westen hat auch das Mammut-Elfenbein leichter erhältlich gemacht.

Schon seit Jahrtausenden ist Knochen ein beliebter Werkstoff für Messergriffe. Er ist dauerhaft, faßt sich dank seiner offenen Struktur gut an, und arbeitet so gut wie nicht. Es gibt inzwischen wieder verschiedene gefärbte Knochen für Griffe, nachdem in den vergangenen Jahrzehnten die Knochengriffschalen durch Kunststoff imitiert wurden.

Als seltene und wertvolle Griffmaterialien werden Bernstein, Perlmutt, Halbedelsteine und Edelsteine verwendet. An Gebrauchsmessen finden Sie aber so gut wie keine Verwendung. Sie fassen sich kalt und unnatürlich an und sind auch nicht besonders schlagfest.

Unter den neuen Werkstoffen hat Gummi einen festen Platz eingenommen. Ebenso ist Kraton bei soliden Gebrauchsmessern nicht mehr wegzudenken. Die Griffe bekommen nicht nur durch die eingegossene Fischhaut ein griffiges Äußeres. Das Material an sich ist immer leicht „klebrig" und rutscht auch nicht in der nassen Hand. Zusätzlich dämpft es die Schwingungen bei größeren Messern, wenn damit gehackt wird. Leider ist es nicht sehr hitzebeständig.

Gerade bei modernen Militärmessern wird der Griff oft durch eine Seilwicklung gebildet. Sollte man solch ein Messer verbessern wollen, wickelt man den Griff ab und legt dünne Holzgriffschalen auf den Platt-Erl. Dann wird das Messer wieder mit dem Seil umwickelt.

Besonders die Schlachtermesser haben Griffe aus angegossenem Kunststoff. Aus hygienischer Sicht ist dies die beste Lösung. Auch kann aus ökonomischen Gründen bei einem Messer, das in wenigen Wochen durch Abschleifen der Klinge verbraucht ist, kein teurer und aufwendiger Griff angebracht werden. Die Griffe sind zudem aus ergonomischer Sicht meist gut gestaltet.

Bei Blankwaffen kommt häufig auch die echte Fischhaut vor. Dabei handelt es sich um die Haut von Haien und Rochen. Diese hat in der Haut eingelassene Widerhaken aus einer Substanz, die dem Zahnschmelz ähnlich und somit sehr hart ist. Mit Fischhaut bezogene Schwertgriffe lassen sich sehr fest halten, auch mit feuchten Händen, die im Gefecht durchaus vorkommen sollen.

1.3 Die Messerscheide

Die Messerscheide ist bei feststehenden Gebrauchsmessern sehr wichtig; ohne sie kann man das Messer praktisch nicht tragen. Die Scheide erfüllt zwei Funktionen: einmal schützt sie das Messer, zum anderen den Träger.

Um das Messer vor Verlust zu schützen, kann die Scheide verschiedene Details aufweisen. Eine einfache Steckscheide, wie sie bei vielen Jagdnikkern geliefert wird, kann das Messer nicht oder nur in ganz begrenztem Umfang festhalten. Das ist aber auch nicht notwendig, da die Nickertasche in der Trachtenlederhose diese Funktion mit übernimmt.

Von der Form gibt es zwei grundsätzliche Unterschiede: bei der einen Form wird das Messer nur an der Klinge umschlossen, bei der anderen Form – der Köcherscheide – umschließt die Scheide auch den Griff zu einem Teil.

Die Köcherscheide ist eigentlich die eleganteste Lösung, denn das Messer sitzt unverlierbar fest – wenn die Scheide richtig gefertigt ist. Ein Großteil des Griffes wird geschützt, und das Messer läßt sich ohne Riemen lösen zu müssen aus der Scheide ziehen oder wieder versorgen (zurück in die Scheide stecken). Eine gute Köcherscheide ist aus so dickem Leder gemacht, daß sie auch ohne Messer offenbleibt. Nur dann kann man das Messer ohne Probleme versorgen.

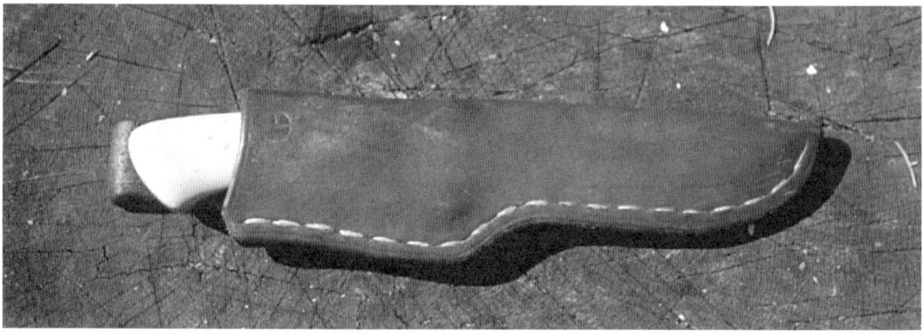

Köcherscheide

Die Ausführung der Köcherscheide setzt natürlich der äußeren Form des Messers enge Grenzen. Es lassen sich nur Messer mit kleinem Handschutz und gerader Klinge in Köcherscheiden unterbringen. Bei der Konstruktion von Köcherscheiden ist es wichtig, daß das Messer auf dem Handschutz aufliegt. Das Messer sollte auch nicht in der Lage sein, den Faden der Scheide durchzuschneiden. Schiebt man das Messer in eine gute Köcherscheide, dann merkt man auf den letzten Zentimetern, wie der

Widerstand steigt und dann plötzlich das Messer „einschnappt", es einen toten Punkt überwunden hat.

Ein weiterer Schwachpunkt bei vielen Scheiden ist der Eingang, an dem die Naht endet. Dort schneidet man häufiger versehentlich hinein und erwischt unter Umständen auch den Faden. Ein Konfektionsniet an der Stelle ist auch keine Lösung, denn die Hersteller nähen erst und stechen dann das Loch für den Niet. Sie schneiden dabei also den Faden durch, um hinterher die Scheide zu vernieten.

Konventionelle Scheide mit Riemen

Die normale Gürtelscheide, die von den Bowiemessern her bekannt ist, sichert das Messer mit einem Riemen. Dabei ist es wichtig, daß der Sicherungsriemen vom Rücken der Klinge her kommt. Andernfalls wird der Riemen von der Schneide beschädigt. Andere zusätzliche Lösungen, wie sie beispielsweise mit dem großen Loch im Griff und dem Lederriemen an der Scheide angeboten werden, sind teilweise sehr sicher, aber auch umständlich in der Handhabung. Das führt dann dazu, daß das zusätzliche Sichern aus Faulheit verbleibt. Dann kann man sie eigentlich auch weglassen.

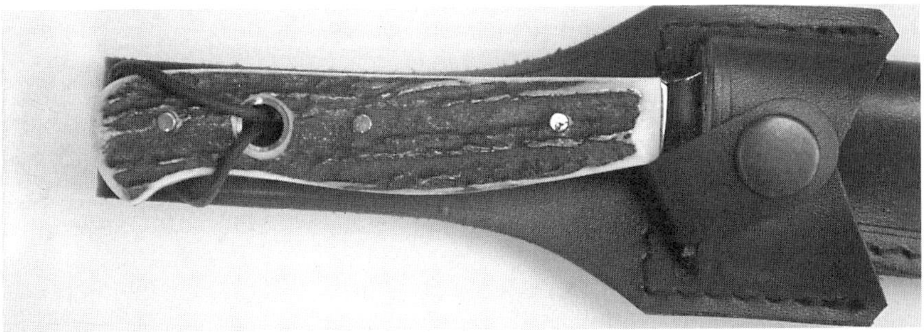

Zusätzliche Sicherung: Loch im Griff und Lederriemen

An dieser Stelle sollten einige Worte zum Material der Scheiden nicht fehlen. Das klassische Material ist Leder. Firmen sparen gerne am Material, da echtes Leder in einer Zurichtung, wie es für Messerscheiden verwendet werden kann, sehr teuer ist. Als reines Naturprodukt fällt Leder immer etwas anders aus und läßt sich daher eigentlich nur von Hand verarbeiten. Die leichten Unterschiede in der Dicke und die je nach Temperatur und Luftfeuchtigkeit unterschiedliche „Zügigkeit" des Leders muß von einem guten Sattler ausgeglichen werden, damit die Messer „von der Stange" einwandfrei sitzen. Dickes Leder, das in der Lage ist, den Träger vor der Klinge zu schützen, ist selten und teuer. Daher gehen immer mehr Firmen, besonders die skandinavischen, dazu über, dünneres Leder zu benutzen und dafür die Scheide innen mit Kunststoff auszukleiden. Dagegen ist nichts zu sagen, denn die Scheide erfüllt ja ihren Zweck. Den nächsten Schritt gehen die Firmen, die gleich auf Leder verzichten und ihre Messerscheiden entweder aus Kunststoffgeweben – Cordura oder ähnliches – oder aus Kunststoff-Spritzguß fertigen. Beides hat zumindest für den Hersteller bei größeren Stückzahlen Preisvorteile.

Scheiden für Blankwaffen sind meist aus Metall, gerade wenn es sich um die für Säbel etc. handelt. Bekannt ist besonders in Studentenkreisen die „Schleppscheide". Der Name stammt von dem Schleppblech, das die Spitze der Scheide abschließt und als Schutz gedacht ist, wenn die Scheide beim Marschieren nachgezogen wird.

Die Scheiden für Schwerter wurden früher aus Holz gefertigt. Dazu werden zwei Bretter aufeinander geleimt, das eine Brett ist in Form der Klinge ausgestochen. Die beiden Innenseiten, die die Schwertklinge aufnehmen, sind mit Fell beklebt. Bei dem Fell – vorzugsweise Robbe oder Seehund – weist der Haarstrich nach unten, um das Schwert zu halten. Die Außenseite wurde mit feuchter Rohhaut, die sich beim Trocknen zusammenzieht, oder mit Leder benäht.

Auf welche Stelle sollte man beim Kauf achten? Sicherlich als erstes auf die Qualität des Leders. Es sollte ausreichend dick und steif sein. Dann auf die Naht: Zwischen den beiden Lederteilen muß ein Keil aus Leder gelegt werden, damit das Messer die Naht nicht durchtrennt. Dann die Gürtelschlaufe: Ist sie mit dem Rest der Scheide aus einem Stück geschnitten, dann braucht der Hersteller mehr Leder und hat größeren Verschnitt, aber eine Naht weniger. Ist die Gürtelschlaufe extra angesetzt, dann hat er unter Umständen gespart. Auf jeden Fall sollte die Gürtelschlaufe einen Gürtel von 5 cm Breite durchlassen, denn das ist die Breite von normalen Jeans-Gürtelschlaufen und Bundeswehr-Koppeln.

Um sich beim Versorgen des Messers nicht zu schneiden oder die Scheide zu beschädigen, sollte man das Messer so fassen, daß der Zeigefinger lang an der Klinge liegt. Damit kann man dann die Öffnung der Messerscheide fühlen und verhindern, daß man das Messer daneben steckt. Auch muß man sich dann nicht so verdrehen, um den Vorgang zu beobachten.

2 Herstellung: Wie entsteht ein Messer?

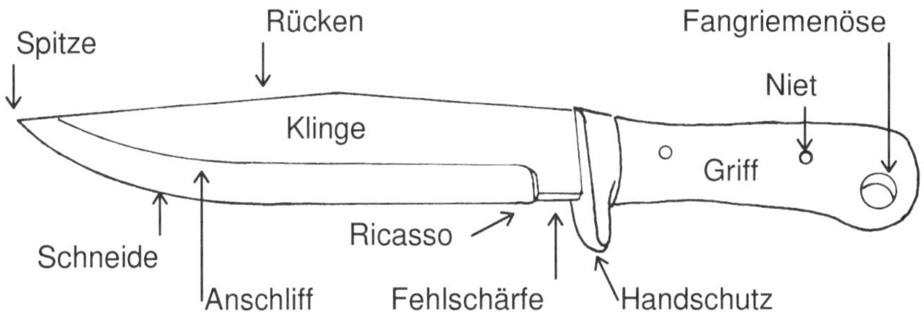

Die verschiedenen Fachbegriffe

Beim Messer kann kaum ein Käufer die Qualität richtig beurteilen. Dabei gibt es verschiedene Dinge, die Aussagen über die Qualität des Messers und das Können des Herstellers zulassen. Um die Beschreibung der verschiedenen Dinge zu vereinfachen, schildere ich im folgenden die Produktion eines Messers. Nicht um dem Leser zu ermöglichen, sich ein Messer selber zu bauen, sondern um ihm ein Gespür dafür zu geben, was Qualitätsarbeit ist und worauf er beim Kauf achten sollte.

Es gibt verschiedene Typen von Herstellern. Die einen sind industrielle Produzenten, die eine Fließbandproduktion betreiben. Bei der manuellen Paßarbeit entscheidet sich dann, ob ein hochwertiges oder ein schlechtes Produkt entsteht. Andere Hersteller sind Kleinbetriebe, die auch Kleinserien herstellen. Dabei ist der Maschineneinsatz sehr begrenzt.

Und dann gibt es noch die verschiedensten Messermacher, die jedes Messer einzeln anfertigen. Bei ihnen sieht jedes Messer anders aus, und für jedes Messer müssen sie ihre Kreativität neu herausfordern. Diese Messermacher liefern kaum auf Bestellung oder Kundenwunsch – sie bauen Messer, die ihnen gefallen, und bieten diese an, zumeist, um ihr Hobby zu finanzieren.

Das typische Solinger Messer wird nicht in einem Hause gefertigt, sondern von vielen selbständigen Spezialisten. Der eine Kleinbetrieb schleift, der nächste poliert, wieder einer härtet, ätzt oder schmiedet. Viele der Zulieferer sind hochspezialisierte Einmann-Betriebe, und vieles wird in Heimarbeit hergestellt.

Die Klinge ist der wichtigste Teil eines Messers. Daher verdient sie etwas ausführlicher betrachtet zu werden. Als Ausgangsmaterial dient Stahl, der in verschiedenen Legierungen mit verschiedenen Eigenschaften Verwendung findet. Dabei gibt es einmal die deutschen DIN-Bezeichnungen (4034 etc.) oder die amerikanischen bzw. Werksbezeichnungen (154 CM, D 2, 440er). Die Bezeichnung „stainless" heißt „rostfrei". Von der bloßen Angabe der Stahlsorte her kann man nicht auf die Qualität der Klinge schließen, da die Härte der Klinge dabei nicht mit angegeben ist. Ebenso hat die Angabe der Rockwell-Härte keine Aussagekraft, wenn die Stahlsorte nicht mit angegeben ist. Wesentlich ist aber, daß die Wärmebehandlung entsprechend den Materialspezifikationen ausgeführt wird und ein qualitativ einwandfreies Ergebnis liefert. Dafür ist der Hersteller verantwortlich. Man kann aus einem guten Stahl durch falsche Wärmebehandlung unter Umständen weniger herausholen als aus einem schlechteren Stahl, der perfekt gehärtet ist.

Einige der Stahlsorten lassen sich gut schmieden, also heiß in eine Form bringen. Das ist die übliche Art der industriellen Fertigung. Ein Rohteil wird erhitzt und in einem Gesenk (einer Negativ-Form) geschmiedet, die Klinge erhält die grobe äußere Form. Man kann sich das in etwa vorstellen wie ein Waffeleisen. Der weiche Teig (glühend erhitzte Stahlstange) wird eingefüllt und das Gesenk (Waffeleisen) wird geschlossen. Dadurch erhält das Werkstück die Form, die im Gesenk negativ vorgegeben ist. Durch die Hitze und den tonnenschweren Druck wird zusätzlich das Gefüge des Stahls verdichtet.

Nach einigen Arbeitsschritten an der weichen Klinge (schleifen, entgraten, bohren etc.) ist diese soweit fertig, daß die Wärmebehandlung durchgeführt werden kann. Alle Arbeiten an der gehärteten Klinge erfordern Spezialwerkzeuge, die entsprechend teuer sind. Daher wird möglichst viel an der weichen Klinge vorgearbeitet. Die Löcher in der Klinge können gestanzt werden, das ist billig, verformt aber die Klingen ein wenig. Besser ist es, die Löcher zu bohren, was aber nur bei hochwertigen Messern in Kleinserie oder Einzelanfertigung zu realisieren ist.

Die Wärmebehandlung – entscheidend für die spätere Härte der Klinge – erfolgt in mehreren Stufen. Beim Härten werden die Klingen in einem Ofen auf hohe Temperaturen erhitzt. Damit die Klingen nicht anlaufen oder verzundern, ist der Ofen mit einem Schutzgas (Stickstoff) gefüllt oder luftleer gepumpt. Das Verzundern ist prinzipiell nicht schädlich, das Entfernen der Zunderschicht hinterher erfordert aber an der dann gehärteten Klinge einen hohen Aufwand. Diese notwendigen hohen Temperaturen (über 720°C) – die von der Stahlsorte und der gewünschten Härte abhängig sind – müssen teilweise einige Stunden gehalten werden. Das früher übliche

Härten im offenen Schmiedefeuer ist mit den modernen Hochleistungsstählen nicht möglich.

Sind die Klingen lange genug erhitzt worden, folgt das Abschrecken durch das Einblasen kalter Luft. Die Klingen werden dadurch schnell abgekühlt, und es bauen sich Spannungen auf. Der Stahl wird sehr hart, aber auch sehr spröde. Die Klingen brechen leicht und sind in diesem Zustand noch nicht zu gebrauchen. Sie müssen erst durch das „Anlassen“ auf die richtige Zähigkeit gebracht werden und ihre Spannungen verlieren. Dabei verliert die Klinge auch etwas Härte. Zum Anlassen wird der Ofen mit den Klingen wiederum erhitzt, diesmal aber nur zwischen 150°C und 350°C – je nach Stahlsorte und Härteanleitung. Dadurch kann sich das Gefüge im Stahl ausgleichen. Er verliert die Spannungen und die Sprödigkeit, und wird dadurch elastisch. Diesmal werden die Klingen nicht abgeschreckt, sondern der Ofen kühlt langsam aus. Wenn man die den Stahlsorten mitgegebenen Anleitungen beim Härten genau befolgt, dann kann man die Eigenschaften präzise reproduzieren bzw. voraussagen.

In den Wochen nach der Wärmebehandlung gleichen sich die Gefüge im Stahl noch weiter aus. Dieses ist als Alterung des Stahls bekannt. Das Anlassen „beschleunigt“ diese Alterung. Bei Raumtemperatur verläuft sie sehr langsam und verändert den Stahl nur geringfügig. Umfangreicher altern andere Legierungen wie beispielsweise Geschoßblei, das wesentlich an Härte gewinnt.

Beim Härten sind die Klingen einer ungeheuren Belastung ausgesetzt, und einige der Klingen verziehen sich dabei. Das kann zum einen daran liegen, daß das innere Gefüge des Metalls nicht in Ordnung ist. Es kann aber auch sein, daß das Abschreckmittel ungleichmäßig auf die Klinge eingewirkt hat. Diese Klingen können nicht nachträglich gerichtet werden und wandern normalerweise in den Müll. Einer krummen Klinge sieht man nicht an, ob der Härteverzug auf einem Materialfehler beruht, oder ob nur bei der Wärmebehandlung etwas ungleichmäßig verlaufen ist. Der Nachteil einer beim Härten leicht verzogenen Klinge ist, daß man diese nicht auf einem flachen Schleifstein schärfen kann. Sollte die Krümmung aber auf einem Fehler im Gefüge des Stahls beruhen, kann die Klinge leicht brechen. Als Konsequenz kann man nur raten, keine krummen Klingen zu kaufen, sie könnten einen Materialfehler enthalten.

Die gehärtete Klinge wird in mehreren Schritten geschliffen und poliert. Einfache Messer werden geläppstrahlt; dabei werden die Klingen mit dem Erl (griffseitiger Teil der Klinge) in eine Halterung gespannt und mit einem Strahl aus Schleif- bzw. Läppkörnern vom Heft in Richtung Spitze besprüht. Das Korn trägt die rauhe Oberfläche ab und glättet sie. Das Verfahren erkennt man am fertigen Messer daran, daß die eingeprägte Firmenbezeichnung in Richtung Spitze ausgewaschen erscheint. Je besser die Bearbeitungsspuren (Riefen vom Schleifen) an der Klinge in diesem Schritt beseitigt werden, desto höher die Qualität der Oberflächenbearbeitung.

Geläppstrahlte Klinge mit ausgewaschener Schrift

Schlechte Klinge: runde Ecken vom Stanzen.

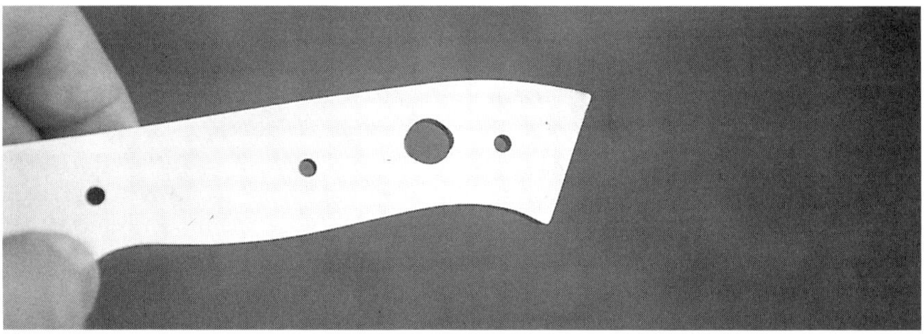

Gute Klinge: Nach dem Schmieden sauber auf Maß geschliffen.

Besonders hochwertig sind Messer, die mit Übermaß geschmiedet und dann an den Passungen auf das endgültige Maß gefräst oder geschliffen werden. Bei so vorgearbeiteten Klingen ist es besser möglich, engere Passungen zwischen Klinge und Griff herzustellen als bei den Klingen, die an einigen Kanten vom Stanzen oder Schmieden her abgerundet sind. Die Bilder zeigen deutlich den Unterschied.

Nach der Oberflächenbehandlung wird das Messer montiert. Bei einem Klappmesser ist der Vorgang kompliziert, daher folgt die Montage eines Messers mit Platt-Erl: Der Handschutz kann entweder von beiden Seiten aufgenietet oder von hinten oder unten aufgeschoben sein. Bei einem Integralmesser ist der Handschutz ein integraler Bestandteil der Klinge. Er ist zusammen mit der Klinge aus einem Stück gefräst oder im Gesenk schon vorgesehen und damit angeschmiedet.

Der von beiden Seiten aufgenietete Handschutz wird an das Messer angepaßt. Zwischen Klinge und Handschutz sollte man nach dem Polieren keinen Zwischenraum mehr sehen. Die Löcher für die Stifte – richtige Niete sind es nicht – werden genau fluchtend zu den Löchern in der Klinge gebohrt. Die Löcher im Handschutz werden an der Seite leicht angefast, die auf der Klinge zu liegen kommt. Damit kann beim Eintreiben der Stifte evtl. an der Klinge abgeschabtes Material in diesen Raum fließen, und trennt nicht den Handschutz und die Klinge voneinander. Die Stifte stehen auf jeder Seite leicht über und werden sauber abgesägt. Mit einem leichten Hammer und vielen leichten Schlägen werden nun die beiden überstehenden Enden der Stifte vernietet. Dabei kommt es darauf an, daß das Material langsam gestaucht wird und rundum in die Bohrung fließt. Mit einigen wenigen kräftigen Hammerschlägen kann es vorkommen, daß die Stifte verbiegen oder der Handschutz angehoben wird.

Beim Vernieten des Handschutzes ist es wichtig, daß der Niet mit den Hammerschlägen in das zwangsläufig etwas größere Loch in den Handschutz hineinfließt und so den Spalt schließt. Nur so sieht man die Stifte nach dem Überschleifen nicht mehr als dunkle Kreise. Der Stift steht nach dem Vernieten nur noch wenig über und ist wie ein Pilz gerundet. Der entstehende Spalt läßt sich dann nicht mehr schließen. Bei Einzelanfertigungen kommt es vor, daß Klinge und Handschutz miteinander verlötet werden. Da die Arbeit am Handschutz eines Messers den meisten Sachverstand benötigt, sollte ein Messerkäufer sich zuerst den Handschutz und die Passungen zwischen Handschutz, Klinge und Griff ansehen.

Wenn der Handschutz fertig ist, wird als nächstes der Griff angebaut. Die einzelnen Griffschalen werden so angepaßt, daß sie vorne am Handschutz bündig anstoßen und flach auf dem Erl anliegen. Eventuell kann zwischen Griffschale und Erl noch eine Zwischenlage aus Fiber kommen, die einen sich nach hinten verjüngenden Erl (Tapered Tang) optisch hervorhebt. Ein Tapered Tang ist eine elegante Lösung, beim Erl Gewicht an einer Stelle einzusparen, die die Stabilität nicht beeinflußt.

Ein solcher verjüngter Erl ist in Handarbeit materialabhebend schwieriger herzustellen, weil viel Material entfernt werden muß. Bei der industriellen Herstellung, dem Gesenkschmeiden, ist es allerdings egal, ob ein normaler Erl oder ein verjüngter Erl hergestellt wird.

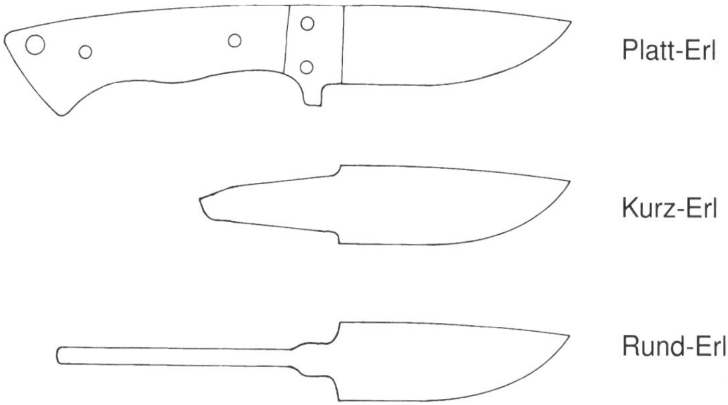

Die verschiedenen Formen des Erls

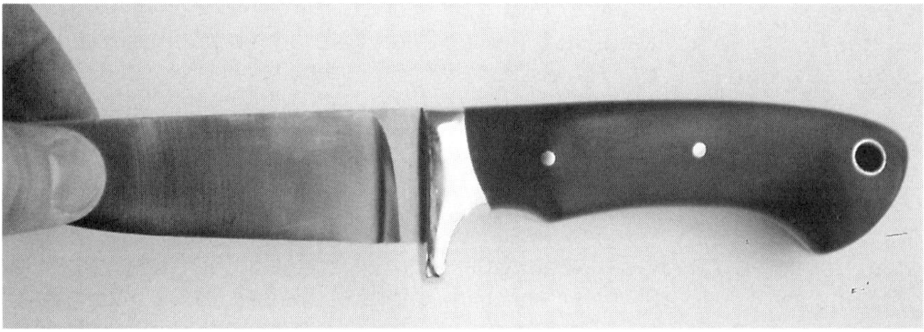

Passungen: Mit Radius, schwierig herzustellen

Bei der Fertigung von Hand wird erst eine Griffschale, dann die andere Griffschale angehalten und gebohrt. Bei der industriellen Fertigung werden die Griffschalen mit einer Bohrschablone gelocht.

Beim Thema „Befestigung der Griffschalen" muß man etwas weiter ausholen und die geschichtliche Entwicklung mit berücksichtigen. Zuerst wurden die Griffschalen von beiden Seiten auf den Erl genietet. Die Niete verhindern das Abfallen der Griffschalen dadurch, daß der Nietenkopf größer ist als das Loch in der Griffschale. Der Nachteil an dieser Konstruktion ist aber, daß sich zwischen Griffschale und Erl ein Spalt befindet, in dem sich Blut und Feuchtigkeit ansammeln und das Messer angreifen.

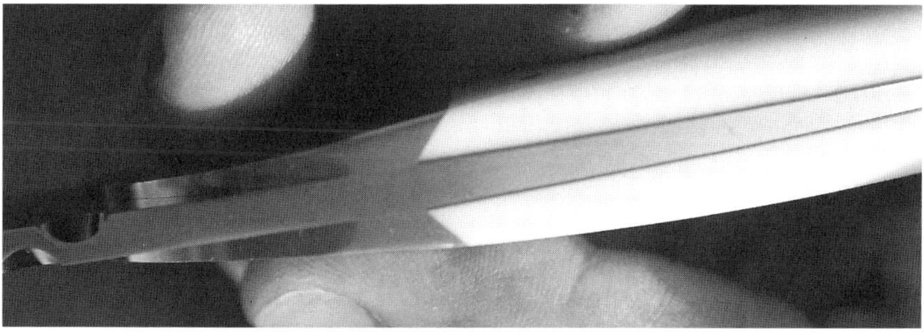

Passungen: Mit Schwalbenschwanz, nur mit Maschineneinsatz richtig möglich

Die Messermacher sind dann mit Aufkommen der modernen Zwei-Komponenten-Kleber dazu übergegangen, die Griffschalen anzukleben und somit gleichzeitig abzudichten. Die Klebkraft ist so hoch, daß man nicht in der Lage ist, die Griffschalen abzuziehen. Leider vertragen die Klebstoffe eine Belastung in der Querrichtung nicht, ein seitlicher Schlag würde die Griffschalen abplatzen lassen. Um das zu verhindern, werden die Griffschalen durch Niete gesichert.

Bei den verwendeten Nieten gibt es verschiedene Ausführungen. Die einfachste ist der Niet aus Rundmaterial, der durch die Löcher gesteckt wird. Der Vorteil ist, daß dieser wenig auffällt, gerade wenn das Holz eine gute Maserung zeigt. Diese Stifte – Niete ist eigentlich wie ein falscher Name – reichen bei verklebten Griffschalen völlig aus. Die nächste Möglichkeit ist, daß die Niete einen hohlen und einen massiven Teil haben und einen breiten Kopf. Der massive Teil wird in den hohlen Teil eingeschlagen und der breite Kopf hält die Griffschale fest. Die nächste technische Raffinesse ist der Schraubniet, der nicht zusammengepreßt, sondern zusammengeschraubt wird.

Die beiden letzteren Modelle sind die technisch ausgereifteren, bieten aber die Lösung für ein nicht existierendes Problem. Es ist besser, eine Griffschale anzukleben und mit Stiften zu sichern, als die Griffschalen ohne Kleber aufzunieten mit der Gewißheit, daß es unter der Griffschale zu Korrosion kommt. Außerdem müssen die Niete mit dem großen Kopf in einem separaten Arbeitsgang versenkt werden. Schraubniete müssen noch tiefer versenkt werden, und schwächen dadurch die Griffschalen.

Sind die Griffschalen und die Niete angepaßt, und die Löcher für die Niete angefast, werden alle Teile entfettet, mir Klebstoff bestrichen und zusammengesetzt. Das Verkleben ist bei den handgefertigten Custom-Knives Standard, bei hochwertiger Industrieware ebenfalls. Die Griffschalen werden mit Leimklemmen zusammengehalten und die Stifte nur durchgesteckt. Die Nieten werden dann zusammengeschlagen bzw. die Schraubnieten zusammengeschraubt. Ist der Klebstoff ausgehärtet, werden die Leimklemmen entfernt, der Griff grob zurechtgesägt und alles am Bandschleifer in Form geschliffen. Bei der Industriefertigung werden die Griffschalen schon vorher soweit zurechtgefräst, daß nach der Montage der Messer nur noch wenig Nacharbeit zu leisten ist.

Je härter das Material der Nieten relativ zu dem Material der Griffschalen ist, desto weiter stehen die Nieten aus dem Griff hervor, da sie sich nicht so schnell abschleifen lassen wie das Material des Griffes. Der Griff wird dann mit Sandpapier in immer feinerer Körnung bearbeitet und zum Schluß poliert. Etwas anders ist die Verarbeitung von Hirschhorn, das nicht geschliffen wird. Hierbei müssen die Griffe von Hand vernietet werden. Auch werden die Nietenköpfe hinterher nicht geschliffen, sondern stehen unter Umständen leicht vor.

Wird eine Messerscheide von Hand angefertigt, wird das Messer erst nach dem Anpassen an die Scheide geschärft. Ansonsten bildet das Schärfen – dem in diesem Buch ein eigenes Kapitel gewidmet ist – den Abschluß der Arbeiten.

2.1 Qualitätskriterien

Nur, wenn man Qualität beurteilen kann, kann man auch Qualität kaufen. Die meisten Kunden wissen aber nicht, worauf man beim Messerkauf achten muß, und so kaufen sie unwissentlich schlechte Qualität. Das muß aber nicht sein.

Worauf achtet man denn nun bei einem Messer, um die Qualität zu beurteilen? Nimmt man das Messer das erste Mal in die Hand, dann hält man es so, daß die Klinge von einem weg zeigt und die Schneide nach unten weist. In dieser Haltung fluchtet man die Klinge entlang. Sie muß vom Griff gerade in die Klinge übergehen und darf nicht seitlich gekrümmt sein. In der gleichen Haltung überzeugt man sich davon, wie die Griffschalen und der Handschutz verarbeitet sind. Gut verarbeitet ist ein Messer, daß keinerlei Spuren der Bearbeitung und keine Zwischenräume an den Übergängen aufweist.

Schlechte Qualität: man sieht Fugen und Klebstoff, weil die Griffschalen ungenau angepaßt wurden

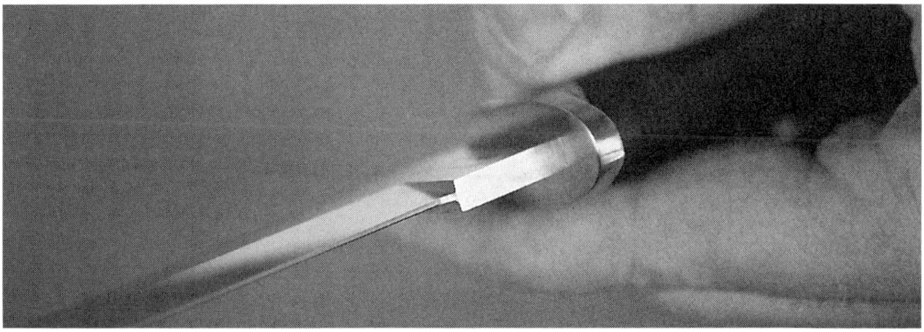

Gute Qualität: Vor der Parierstange ist das Ricasso sauber ausgeführt, die beiden Schneidenseiten laufen parallel aus

Gute Qualität: im unteren Bereich des Griffes ist der Übergang zum Handschutz sauber ausgeführt

Die Stahlbezeichnung oder die DIN-Nummer der Legierung sagt nichts über die Qualität aus, weil die Bearbeitung, besonders die Wärmebehandlung und das Schleifen Auswirkungen auf die Schneideigenschaften hat. Aussagen wie „lange Schnitthaltigkeit" sind relativ und es muß das

Vergleichsobjekt genannt werden, sonst ist die Aussage ohne Informationsgehalt.

Die Angabe der Rockwell-Härte sagt nichts über die Schnitthaltigkeit der Klinge aus. Eine Klinge mit geringerer Rockwell-Härte kann bedingt durch eine größere Zähigkeit durchaus eine längere Standzeit besitzen als eine Klinge mit höherer Rockwell-Härte. Die Zusammenhänge sind so komplex, daß ein Laie dabei keine Aussage treffen kann, wohl aber der Hersteller.

Eine Klinge mit einer hohen Standzeit behält die Schärfe lange und nutzt sich nur langsam ab. Sie muß nicht oft nachgeschliffen werden. Das Metall hängt untereinander so fest zusammen, daß das Schnittgut nicht oder nur schlecht in der Lage ist, Partikel aus dem Verbund herauszureißen.

Viele Firmen verkaufen heutzutage mehr oder weniger viel Schund, nur einige wenige Stücke sind makellos und von einwandfreier Qualität, und diese gilt es herauszufinden.

Ein fabrikneues Messer ist zwar bestenfalls geschärft, aber deswegen noch lange nicht scharf. Auch der Aufkleber „Handabzug“ als angebliches Qualitätsmerkmal täuscht darüber nicht hinweg.

Wie Sie sehen, ist die Voraussetzung für den Erwerb eines qualitativ hochwertigen Messers der sachverständige Einkauf. Oft muß der Kunde die gute Qualität von der minderwertigen unterschieden, weil einige Hersteller die schlechten Stücke nicht aussondern. Die Klinge sollte nicht verzogen sein, was beim Härten durchaus vorkommt. Man erkennt das, wenn man das Messer in Augenhöhe mit der Spitze von sich weg und der Schneide nach unten hält und über Griff und Klingenrücken fluchtet. Die Spitze muß mit dem Erl in einer Linie stehen. Ist das nicht der Fall, ist die Klinge Ausschuß. Rechtschaffende Leute würden solche Klingen wegwerfen. Aber heutzutage ist es gang und gäbe, diese Klingen weiterzuverarbeiten und zu verkaufen, weil es dem Kunden nicht auffällt. Der entscheidende Qualitätsmangel ist, daß der Härteverzug an einem Fehler im Stahlgefüge liegen kann, und die Klinge damit über eine Sollbruchstelle verfügen kann.

Einige Worte sollte man noch zu der Auswahl eines guten Messers verlieren. Oft sieht man die Möchtegern-Machos mit langen Messern. Wenn sie die Scheide mit dem dafür vorgesehenen Riemen am Bein festbinden, können sie nicht mehr laufen, weil sie das Knie nicht mehr knicken können. Ein Freund von mir pflegte immer zu sagen: „Wenn man einem damit in die Brust sticht, kann man am Rücken immer noch einen Hut aufhängen!“ Mit anderen Worten: viele „Experten“ schleppen in Puncto Messer Overkill mit sich herum. Das Messer ist nicht nur zu lang, um bequem damit im Auto zu sitzen, es ist auch zu schwer. Und wenn ein Messer zu schwer und unbequem ist, dann nimmt man es nicht mehr mit. Lieber ein kurzes und scharfes Messer am Gürtel, als ein Super-Überlebens-Multifunktions-Messer zu Hause in der Schublade. Da nützt es nichts!

Sicher, so ein langes Messer an der Seite sieht welterfahren und martialisch aus. Das machen uns Filmhelden wie Crocodile Dundee, Rambo oder Indiana Jones vor. Aber haben Sie die Kerle schon einmal mit diesen Messern Wild aufbrechen sehen, Brote schmieren oder einen Sack Hühnerfutter aufschneiden? Lange Klingen braucht man, um im Film Menschen zu töten. Aber jeder Biologe oder Mediziner kann Ihnen versichern, daß selbst dafür eine Klingenlänge von drei bis fünf Zentimetern ausreicht, wenn man weiß, wo man damit schneiden muß.

Wie bequem ein feststehendes Messer ist, merkt man dann, wenn man damit im Auto sitzt. Sticht die Klingenspitze durch die Scheide ins Bein oder in den Sitz? Scheuert der Griff am Sitz oder drückt er im Rücken? Und beim Gehen merkt man, ob das Gewicht so am Gürtel zieht, daß man nach einiger Zeit Bauchschmerzen bekommt.

Bei den routinierten Jägern stellt man fest, daß mit der Erfahrung des Trägers die Klingen immer kürzer werden. Und wie heißt das finnischen Sprichwort: „Wenn die Klingen länger werden, sind die Zeiten unruhig.“

Aus den eben angesprochenen Gründen der Bequemlichkeit sollte man auch ein Klappmesser lieber an einer Tasche am Gürtel tragen als in der Hosentasche. Messer mit zu kantiger Außenform neigen dazu, die Hosentaschen durchzuscheuern. Die Qualitätsmerkmale einer guten Messertasche sind an anderer Stelle im Buch ausführlich abgehandelt. Ob als Material Leder, Cordura oder ähnliches verwendet wird, bleibt dem persönlichen Geschmack überlassen. Ich mag Leder lieber, da ich es erstens selbst verarbeiten kann und es zweitens mit der Zeit eine schöne Patina annimmt.

Neuerdings gibt es Messertaschen, die quer am Gürtel getragen werden. Auch hier gilt wieder: wem es hilft, das Messer immer dabei zu haben, der soll sie tragen.

2.2 Klingengeometrie

Fast alle Messerbenutzer machen sich keine Gedanken über den Querschnitt der Klinge. Dabei ist dieser mit verantwortlich für die Schneideigenschaften des Messers. Die Klinge ist im Querschnitt ein Keil, und je schlanker dieser Keil ist, desto leichter dringt er zwischen das zu schneidende Material. Je dünner eine Klinge, desto weniger Material muß verschoben werden. Andererseits ist eine dünne Klinge nicht so stabil und als Haumesser fehlt ihr die Masse.

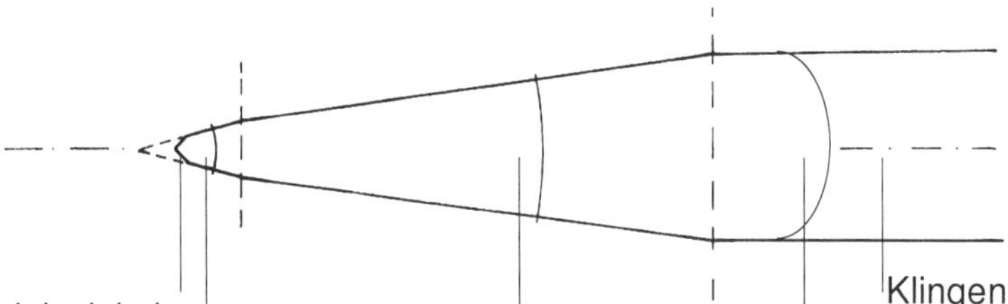

Normaler Klingenquerschnitt mit Winkeln

Bei der Klingenstärke und der Höhe der Klinge gibt es einfache geometrische Zusammenhänge. Ausgehend von dem Winkel an der Schneide von 30° ist die Klinge bei einer Höhe von 40 mm im Rücken schon 22 mm stark. Es ist also nur schlecht möglich, eine solche Klinge zu konstruieren. Möchte man eine Klinge bauen, deren Rücken 4 mm stark ist und deren Klinge 40 mm hoch ist, dann ist der eingeschlossene Schneidenwinkel mit etwa 6° sehr spitz und die Klinge trotz des relativ dicken Rückens auf einem Großteil der Höhe sehr dünn und empfindlich. Es bleibt dem Messermacher nur übrig, mehrere Winkel in der Messerklinge unterzubringen.

Je spitzer der Winkel, desto „schärfer“ das Messer. Beginnt man am Rükken des Messers und hat viele Winkel, dann muß der nächste zur Schneide hin folgende Winkel etwas stumpfer sein als der davor. Mit anderen Worten: je mehr Winkel an eine Klinge geschliffen werden, desto stumpfer ist der letzte Winkel, der Schneidenwinkel.

Sehr dünne Schlachtermesser kommen mit einem Winkel an der Schneide aus, große Messer haben drei oder sogar vier verschiedene Winkel, um eine brauchbare Klingengeometrie – gute Schneideigenschaften bei günstiger Rückenstärke – zu realisieren.

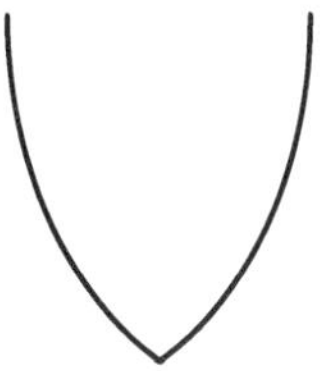

Ballig geschliffen

Messer, deren Schneide einer hohen Belastung ausgesetzt ist, weil Sie beispielsweise als Haumesser dienen, benötigen eine stabilere Schneide. Das wird durch den balligen Schliff erreicht. Dabei ist der Querschnitt der Schneide nicht ein Winkel, er beschreibt einen Kreisbogen. Dadurch steht gleich hinter der Schneide mehr Material zur Verfügung. Außerdem kann dieser ballige Schliff im Schnittgut nicht so leicht klemmen, weil an der Rundung immer nur ein Punkt und nie eine Fläche als Klemmfläche herhalten kann.

Hohlschliff

Das Gegenteil zum balligen Schliff ist der Hohlschliff. Dabei wird hinter der Schneide noch extra Material entfernt. Der Anschliff ist nicht flach, sondern kreisförmig nach innen gewölbt. Die Schneide wird dadurch empfindlicher, weil dünner, der Schneidenwinkel kann aber spitzer geschliffen werden, und das Messer wird „schärfer". Typischer Vertreter für ein Messer mit Hohlschliff ist das Rasiermesser.

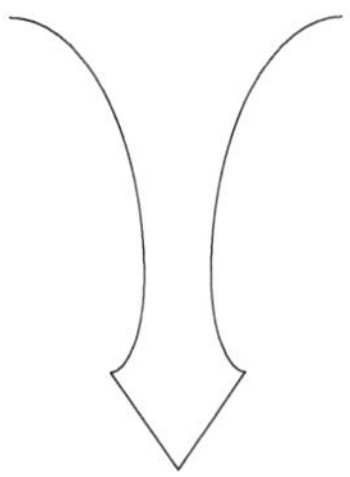

Falscher Hohlschliff: vor der Schneide zu dick (stark vergrößert)

Bei vielen hohlgeschliffenen Klingen kommt es vor, daß die Klinge vor der Schneide durch falsches Schleifen in der Produktion verdickt ist. Der eigentliche Sinn des Hohlschliffs, direkt vor der Schneide möglichst wenig

Material zu haben, wird hierbei verfehlt. Diese Messer kann man auch schlecht schleifen. Ein einfacher Test ist, die Schneide zwischen Daumen und Zeigefinger zu fassen. Spürt man dabei einen „Draht“ zwischen den Fingern, dann ist die Schneide zu dick, und der Hohlschliff falsch.

3 Klappmesser

3.1 Allgemeines

Die Klappmesser sind durch die Mechanik bedingt so unterschiedlich von den feststehenden Messern, daß sie ein eigenes Kapitel verdienen. Dabei soll aber auf die Beschreibung der Mechanik und der Qualitätsmerkmale mehr Wert gelegt werden als auf die Materialien, die schon an anderer Stelle im Buch abgehandelt sind.

Bei Klappmessern kommt es nicht nur auf die Klinge an, auch und gerade die Mechanik ist ausschlaggebend für die Gesamtqualität des Messers. Was nützt die beste Klinge, wenn sie nicht gut arretiert werden kann und klappert? Es gibt Dutzende verschiedener Patente, um Klappmesser zu verriegeln. Einige haben sich durchgesetzt, andere sind sehr kompliziert und nur von Spezialisten zu fertigen. Hauptsache ist aber, daß die Klinge offen relativ spielfrei hält und leicht zu öffnen ist. Einige Messer bleiben nur durch die Federkraft offen, andere werden zusätzlich verriegelt. Für kleine Taschenmesser ist eine Verriegelung eigentlich unnötig, weil man keine große Kraft bei der Benutzung anwendet. Wichtig ist die Verriegelung nur, damit die Klinge nicht versehentlich zugeklappt wird und man sich bei dieser Gelegenheit in die Finger schneidet.

Worauf beruht die Stabilität eines Klappmessers? Sicherlich auf der Ausführung der Platinen und der Art und Weise, wie die Klinge und das Gelenk verarbeitet sind. Eine Querbelastung des Gelenkstiftes führt nicht nur dazu, daß die Platinen an sich belastet werden, sie werden auch noch auseinandergedrückt und gespreizt. Je mehr man das lockere Gelenk quer belastet, desto lockerer wird es. Mitverantwortlich dafür ist zuviel Spiel zwischen dem Loch in der Klinge und dem Gelenkstift.

Es gibt Messer, die sind so geschickt konstruiert, daß keine Platinen aus Metall notwendig sind. Statt dessen werden Kohlefaser-Verbundwerkstoffe eingesetzt. Wer mit dem Messer richtig umgehen kann und nur so schneidet, daß die schwachen Punkte eines Klappmessers nicht belastet werden, der mag mit solchen Konstruktionen auskommen. Die großen Hersteller werden gerade die Messer in den höheren Preislagen an den Streßpunkten überdimensionieren, weil ansonsten zu viele Reklamationen kommen. Diese sind dann meist durch falsche Benutzung notwendig geworden, aber sie müssen trotzdem bearbeitet werden. Die schicken und fragilen Klappmesser wird man daher nur in Einzelanfertigung bei Messermachern finden.

3.2 Die Verriegelungen

3.2.1 Nur Federdruck

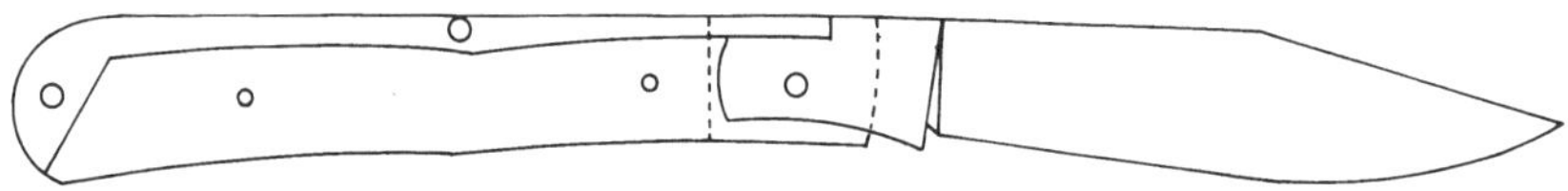

Klinge wird nur durch Federdruck gehalten

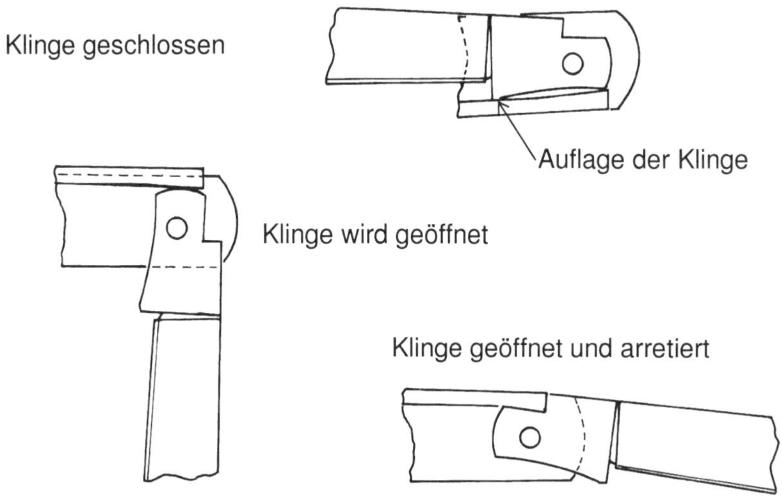

Ein Taschenmesser wird geöffnet

Bei einfachen Taschenmessern wird die Klinge dadurch offengehalten, daß die Feder auf die oben abgeflachte Klinge einen Druck ausübt. Die Klinge kann wieder eingeklappt werden, ohne eine Verriegelung zu lösen. Lediglich der Federdruck muß überwunden werden. Bei diesen Konstruktionen kann es vorkommen, daß die Klinge ungewollt einklappt und man sich in die Finger schneidet.

3.2.2 Einfache Verriegelung

Die einfachere Form der Verriegelung ist die mittels einer Kerbe in dem hinteren Teil der Klinge und einer Feder, die in diese Aussparung der Klinge eingreift. Die Feder muß erst aus der Kerbe in der Klinge herausgehoben werden, bevor die Klinge sich einklappen läßt. Diese Sperre kann entweder zusammen mit der Feder aus einem Stück hergestellt sein, oder die Feder ist Teil der hinteren Platine, oder sie ist als Rundmaterial eingesetzt.

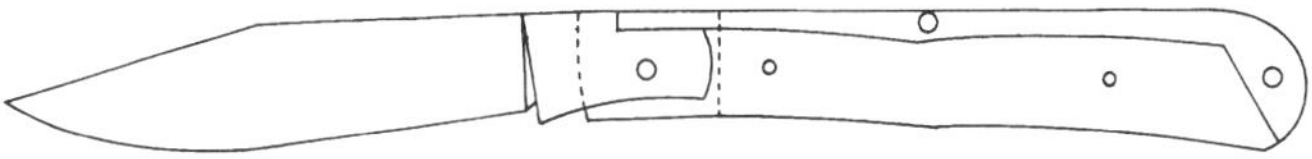

Feder extra eingesetzt

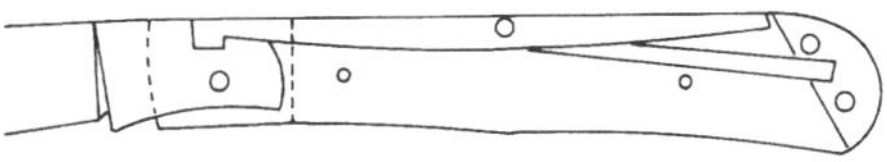

Schraubenfeder

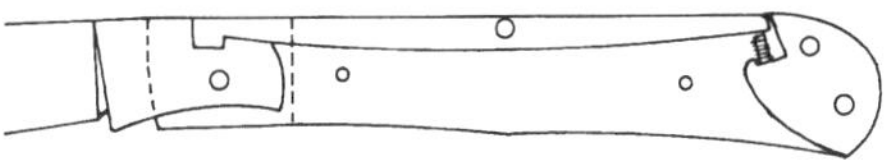

Feder und Verriegelung aus einem Stück

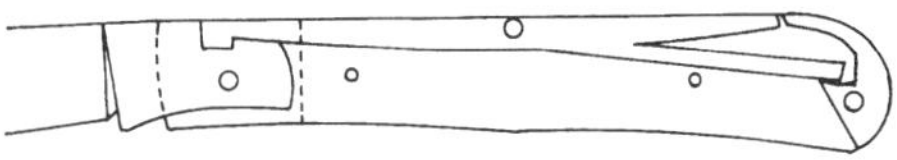

Verschiedene Federarten

3.2.3 Liner-Lock

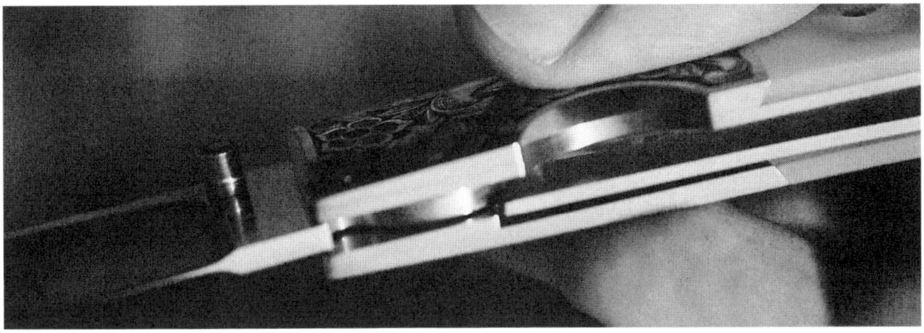

Liner-Lock

Seit einige Jahren erfreuen sich die Liner-Lock Taschenmesser großer Beliebtheit. Grund ist sicherlich die Tatsache, daß die Klingen sich leicht öffnen lassen, weil keine Feder auf den Rücken drückt. „Liner“ ist die Bezeichnung für die in der Platine seitlich eingearbeitete Feder, die unter die ausgeklappte Klinge schnappt. Um einen Liner-Lock wieder zu entriegeln, wird die Feder direkt zur Seite gedrückt, wofür eine Platine einen Aussparung besitzt. In dieser Aussparung findet teilweise auch ein auf die Klinge geschraubter Knopf – erleichtert das Öffnen des Messers – einen Platz.

3.2.4 Springmesser

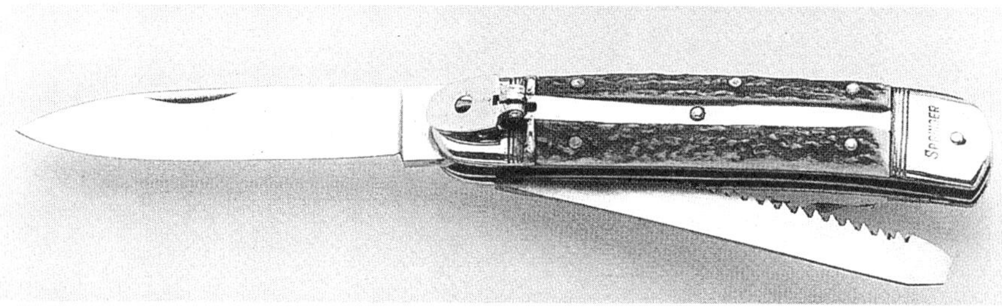

Springmesser für Jäger: leicht mit einer Hand zu öffnen

Springmesser haben immer noch den Anschein, als gehörten sie zur Standardausrüstung von Jugendbanden und Kleinkriminellen. Sicherlich hat der Film „Chinatown“ und das Musical „West-Side-Story“ an diesem Ruf mitgearbeitet. Bei den dort verwendeten Messern handelt es sich aber durchweg um Stiletts minderer Qualität.

In den letzten Jahren haben auch die großen Hersteller Springmesser in einer hohen Qualität und mit praktischeren Klingenformen in die Kataloge aufgenommen. Seit Jahrzehnten hat die Firma Hubertus Springmesser in Produktion, die vor allem in Amerika ihren festen Kundenkreis haben. Früher gehörte in Amerika in jedes Nähset ein Springmesser, damit sich die Damen beim Öffnen des Messers nicht die Fingernägel abbrechen.

3.3 Worauf beim Klappmesserkauf achten?

Zuerst muß einem das Messer gefallen. Die Formenvielfalt ist fast unüberschaubar. Gerade in den letzten Jahren wurden eine Menge neuer Modelle auf den Markt gebracht, um der gestiegenen Nachfrage Rechnung zu tragen. Aber gerade diese Goldgräberstimmung hat dazu geführt, daß die Qualität durch die Massenfertigung leidet. Man kann nicht unbedingt davon ausgehen, daß alle Messer einwandfrei sind und gut funktionieren. Daher sollte man sich auch von einem Messermodell, das einem gefällt, mehrere Exemplare zeigen lassen. Eines fällt sicherlich etwas besser aus als die anderen. Bei den feststehenden Messern haben genaue oder ungenaue Passungen keinen Auswirkungen auf die Funktionstüchtigkeit. Bei den Klappmessern sieht das ganz anders aus. Nur wenn die Passungen genau gearbeitet sind und kein Spiel haben, sitzt die Klinge fest und klappert nicht.

Toleranzen addieren sich immer zur schlechten Seite. Ein zu großes Loch und ein zu kleiner oder sogar passender Stift, und die Klinge schlackert. Ein zu großer Stift und ein zu kleines oder passendes Loch, und das Messer klemmt. Nur bei einem Stift und einem Loch von den richtigen Ausmaßen funktioniert das Messer einwandfrei. Viele Hersteller versuchen, einer lockeren Klinge durch einen zusätzlichen Schlag auf den Niet festen Sitz zu geben – das quetscht die Klinge zwischen die Platinen. Ein präzise gefertigtes Scharnier eines Klappmessers geht nicht schwer, sondern leicht. Die meisten Menschen haben nur noch nie ein gutes, handgemachtes Messer geöffnet, um den Unterschied zu minderwertiger Industrieware festzustellen.

Hier komme ich wieder auf den Punkt zu sprechen, daß es wichtig ist, die Teile für das Messer in Übergröße herzustellen und danach auf Maß zu bringen. So vermeidet man runde Kanten an den Paßstellen, besonders an der Verriegelung. Sie entstehen zwangsläufig beim Stanzen, werden aber abgeschliffen. Ein Messer, dessen Einzelteile einfach so zusammengesetzt werden, wie sie aus der Stanze fallen, kann natürlich nicht so präzise sein wie ein Messer aus geschliffenen Teilen.

Bei der Beurteilung eines Taschenmessers geht man wie folgt vor: Zuerst nimmt man das Messer in die Hand und beurteilt das Äußere. Sind die Griffschalen sauber eingepaßt, sind die Kanten gut bearbeitet, stehen Grate oder scharfe Kanten vor? Dann öffnet man das Messer langsam und gemächlich. Dabei achtet man auf das Gefühl, das die sich öffnende Klinge verursacht. Läßt sich die Klinge in einer einzigen, gleitenden Bewegung öffnen, geht es mal schwerer und mal leichter, knirscht es dabei? Rastet die Klinge sauber ein oder steht die Feder aus dem Griffrücken hervor?

Dann fluchtet man mit dem Auge über den Rücken der Klinge und des Messers. Steht die Klinge in einer Linie mit dem Griff, oder ist die Klinge verzogen? Der nächste Punkt ist der Übergang zwischen Klinge und Feder: Stoßen beide sauber aneinander oder sind die Kanten noch durch das Stanzen der Klingen verbogen? Danach faßt man die Klinge und den Griff je mit einer Hand und versucht, die Klinge in verschiedene Richtungen zu bewegen. Hat die Klinge Spiel, oder läßt sie sich nicht bewegen, weil sie gut verriegelt ist? Dann inspiziert man das Innere des Messers: Zeigen sich im Inneren noch Bearbeitungsspuren, rostet das Messer gar schon, weil Schleifmittel nicht entfernt wurden und der Rostschutz hier zu kurz kam? Haben die Hersteller auch an den Stellen gut gearbeitet, die man zwar nicht gleich sieht, die aber für die Funktion wichtig sind (Feder)? Zeigt sich im Inneren, daß die Klinge seitlich an den Platinen anliegt? Zeigt sich an der Schneide, daß die Klinge beim Schließen des Messers im Inneren anliegt?

Weitere Informationen über die Verarbeitung erhält man, wenn man das Messer wieder schließt. Das Messer wird halb geschlossen, und man betrachtet die Verriegelung. Die Klinge hat eine Ausfräsung und eine Rundung, über die die Feder gleitet. Ist die Rundung sauber geschliffen und poliert oder etwa noch rauh und verzundert, weil sie nach dem Stanzen nicht nachbearbeitet wurde? Ist die Verriegelung sauber bearbeitet oder noch vom Stanzen verrundet?

Als letztes legt man die Klinge wieder völlig in den Griff und überprüft, ob sie genau in der Mitte zwischen den Platinen oder zu einer Seite steht. Die Klinge soll im Griff auf dem Ansatz der Klinge aufliegen, nicht auf der Schneide. Das kann man mit einem Papierstreifen testen, den man faltet und unter die Spitze zieht. So ermittelt man genau, wo die Schneide aufliegt. Man kann – je nach Verriegelung – die Klinge etwas in den Griff hineindrücken. Wenn das gelingt, liegt sie nicht mit der Schneide auf.

Bei der Klinge und dem Material gilt natürlich das, was bei den feststehenden Messern beschrieben wurde.

3.4 Handhabung

Beim Öffnen und Schließen von Klappmessern kann man viel für deren Lebensdauer tun. Auf keinen Fall sollte man bei einem Messer gleichzeitig zwei Klingen nur halb öffnen, wenn diese auf derselben Feder gehen. Die Feder wird so maximal strapaziert und kann brechen.

Um ein Messer zu öffnen, sind an vielen Klingen Einbuchtungen für den Fingernagel eingeschliffen. Neuerdings werden an einigen Messern an der Klinge Knöpfe angeschraubt, damit man das Messer mit einer Hand öffnen kann. Die Messer von Spyderco haben dazu eine patentierte, extra große Bohrung in der Klinge. Diese Messer kann man auch nur an der

Klinge fassen und mit Schwung den Griff nach unten schleudern. Bei anderen Messern ist es mit etwas Übung auch möglich, die Klinge nur mit einer Hand zu öffnen. Beim Schließen des Messers führt man die Klinge mit der Hand in den Griff und läßt sie nicht den letzten Weg zuschnappen. Das bekommt der Klinge nicht unbedingt gut, weil sie durch den Schwung weiter durchschlägt und unter Umständen innen auf die Feder schlägt. Außerdem man kann sich schneiden, wenn man die Finger nicht schnell genug wegzieht.

Alle Klappmesser haben einen Schwachpunkt gemeinsam: Sie haben im Inneren viele nur schwer zugängliche Ecken und Kanten. Diese verschmutzen nicht nur, sie sammeln den Dreck so lange, bis er zusammen mit verharzendem Öl die Funktion beeinträchtigt. Daher ist es wichtig, die Klappmesser etwas mehr zu pflegen als feststehende Messer. Auch bekommt es den Messern besser, wenn sie in einer Tasche am Gürtel getragen werden und nicht in der feuchten Schwüle der Hosentasche.

4 Besonderheiten verschiedener Messerformen

4.1 Hirschfänger

Die Bezeichnung Hirschfänger kommt vom Wort „Abfangen“ (= das Wild mit einem Messer töten). Der Hirschfänger hat seit alters her nur den Zweck, Hochwild damit den Gnadenstoß zu geben. Darauf ist die Klingenform abgestimmt. Sie ist lang und schmal und die Spitze ist mittig angebracht. Die Spitze sollte – wie bei einem Kampfmesser – nicht spitz, sondern abgerundet und angeschliffen sein. So bleibt sie nicht in einem Knochen stecken, sondern gleitet daran vorbei „ins Leben“. Die Tatsache, daß bei Hochwild wie Sauen und Hirschen eine Menge Muskeln durchstoßen werden müssen, bis die Klingenspitze auf das Herz trifft, bedingt eine minimale Klingenlänge von 20 cm.

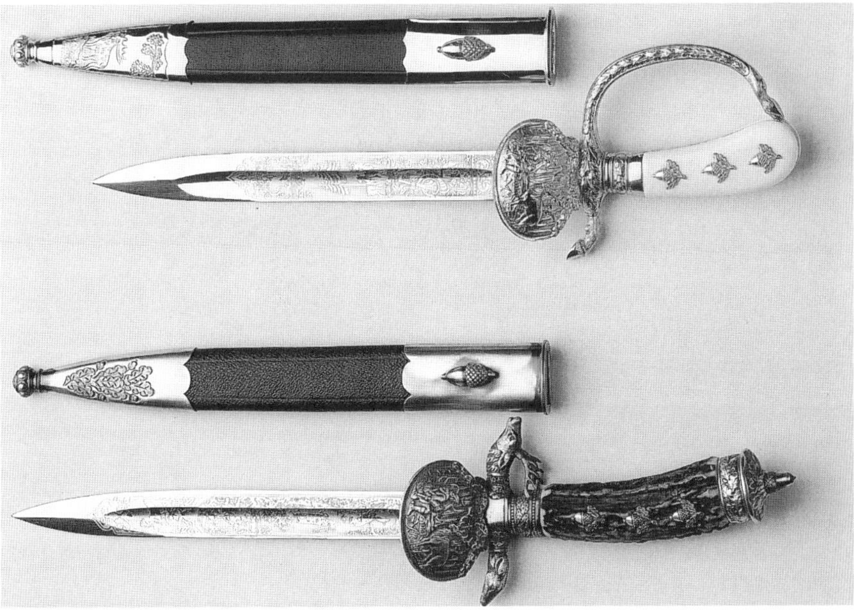

Hirschfänger

Bei der Form des Griffes gibt es einmal die deutsche Form mit einem Handbügel, und die französische Form mit einem normalen Parierstück.

Die Klinge ist gewöhnlich bei der französischen Form um ¼ kürzer. Früher wurde der Hirschfänger dem Jäger nach seinen drei Lehrjahren überreicht, heute hat er fast nur noch Symbolcharakter und wird nur noch als stumpfe Paradewaffe ausgeführt.

4.2 Kampfmesser

Die Beliebtheit der Kampfmesser scheint mit dem gesteigerten Sicherheitsbedürfnis der Bürger einherzugehen. Daß ein solches Messer für einen längeren Messerkampf (und nicht nur für einen Dolchstoß in den Rücken) scharf sein muß, versteht sich von selbst. Ein Messerkampf wird am Anfang dadurch geführt, daß die beiden Kontrahenten versuchen, sich gegenseitig Schnitte beizubringen. Erst, wenn der Gegner durch die Schnitte verwirrt ist, hat man Zeit für einen gezielten Stich. Fast alle Kampfmesser sind dafür falsch geschliffen. Steht die Spitze genau in der Klingenmitte, und ist sie auch noch spitz wie eine Nadel, dann neigt sie dazu, sich in einen flachen Knochen – Rippe oder Schulterblatt – einzubohren. Der Stich geht so nicht durch. Besser ist es, die Klingenspitze zu kappen und flach wie einen Schraubendreher oder leicht abgerundet auszuschleifen, aber dabei zu schärfen. Die Breite der Spitze kann dabei durchaus 2 - 3 mm betragen. Kommt man mit einer solchen „Spitze“ auf einen Knochen, so gleitet diese am harten Knochen vorbei.

Die Spitze eines Kampfmessers sollte abgeflacht (Mitte) oder abgerundet (links) und nicht nadelspitz (rechts) sein

4.3 Saufeder

Bei der Saufeder handelt es sich um eine Stangenwaffe, bei der eine Klinge auf einem etwa mannshohen Eschenschaft angebracht ist. Die Saufeder wird dazu benutzt, von Hunden gestelltes Schwarzwild zu töten. Dazu wird die Saufeder entweder direkt von vorne in die Halsgrube oder schräg hinter das Schulterblatt in Richtung Herz gestoßen. Der Schaft ist aus Eschenholz, nach Möglichkeit aus zwei Brettern, die miteinander verleimt wurden. Er ist mit Lederriemen kreuzweise benagelt, um ihn besser greifen zu können und ein Abrutschen zu verhindern. Die Klinge besitzt einen hohen Mittelgrat, damit die Wunde im Tier möglichst groß wird und sich nicht so schnell schließt. So kann Luft besser in den Brustraum eindringen. Dadurch wird der Unterdruck im Brustraum aufgehoben, die Lunge fällt zusammen und das Tier kann nicht mehr atmen. Sollten durch den Stoß nicht schon andere lebenswichtige Teile (Herz, Aorta) zerstört worden sein, so wirkt die Saufeder auf diese Art.

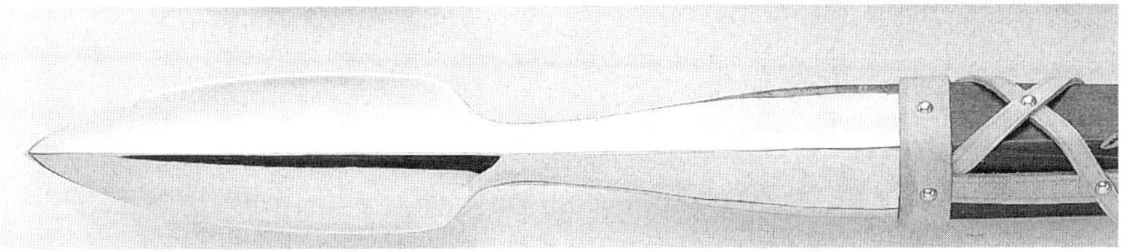

Saufeder

Der Knebel unterhalb der Klinge verhindert, daß die Saufeder zu tief in den Körper eindringt, sich nicht mehr herausziehen läßt, und das Tier so unter Umständen den Jäger entwaffnet. Die Spitze sollte – ähnlich wie beim Hirschfänger oder den Kampfmessern – nicht nadelspitz sein, sondern abgerundet, damit sie vom Knochen abgleitet und sich nicht in diesem festbohren kann.

4.4 Standhauer

Heute eine ungebräuchliche Waffe, diente sie noch vor wenigen Jahrzehnten für allerlei Revierarbeiten und zum Abfangen und Versorgen von Wild. Die am weitesten entwickelte Form ist die von Oberländer, wie er sie in den verschiedenen Ausgaben seines Buches „Der Lehrprinz“ vorgestellt hat. Dem Standhauer wurde auch von Hermann Löns eine eigene Geschichte gewidmet, in der er sich lobend über die Vorzüge dieses Werkzeuges äußert und jedem Jäger die Anschaffung empfiehlt. Im Gegensatz zum Hirschfänger kann man mit dem Standhauer sowohl Hochwild abfangen als es auch zerwirken. Ebenso kann man mit dem Standhauer schlagen. Er nimmt somit eine Zwischenstellung zwischen der reinen Stichwaffe Hirschfänger und der reinen Schlagwaffe Weidblatt ein. Der Name kommt von der eigentlichen Verwendung: das Freihauen eines Standes für die Jagd.

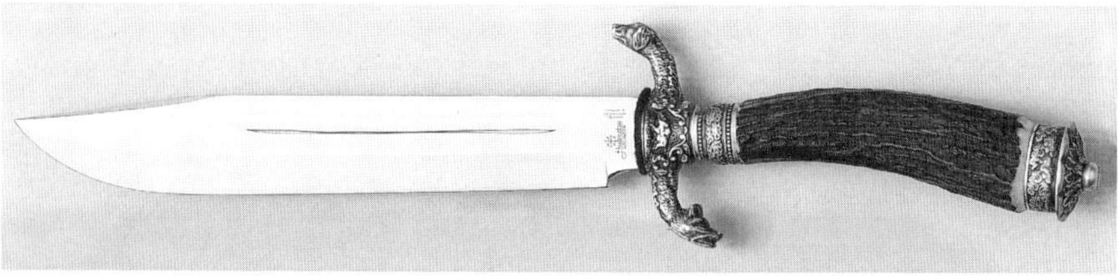

Standhauer

4.5 Weidblatt

Das Weidblatt mit seiner typischen bauchigen Form diente früher dazu, Wild zu zerwirken und das Schloß (Schambeinfuge am Becken) zu öffnen, und Pirschwege freizuschlagen.

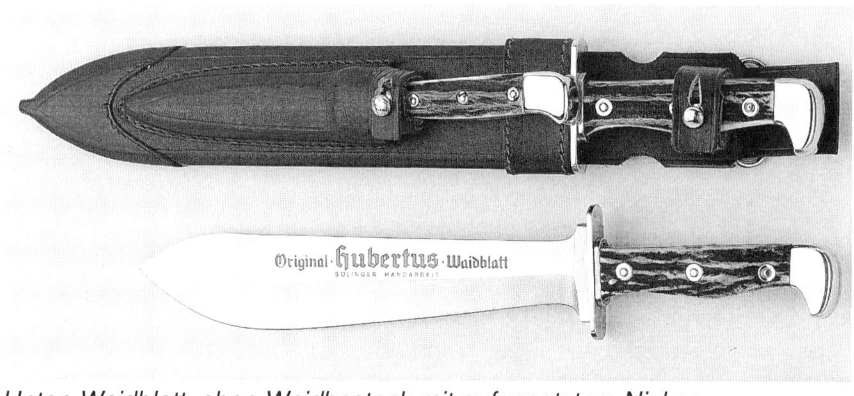

Unten Weidblatt, oben Weidbesteck mit aufgesetztem Nicker

Mit seiner verdickten Spitze erhält der Schlag viel Schwung. Durch die sehr breite Spitze ist die Waffe nur schlecht für einen Stich geeignet. Auf der Scheide ist meist noch ein kleineres Jagdmesser aufgesetzt, das ganze heißt dann Weidbesteck. Das Weidblatt wird noch zum „Blattschlagen“ benutzt, dabei erhält ein Jungjäger nach bestandener Prüfung mit der flachen Seite drei Schläge auf sein Hinterteil. Eine Handlung, die den Abschluß der Ausbildung symbolisiert.

4.6 Nicker (auch Gnicker oder Knicker)

Der Nicker hat seinen Namen vom „Abnicken“. Damit meint der Jäger das Töten von krankem Rehwild dadurch, daß er dieses spitze Messer in das Genick des Rehes stößt und dabei das Rückenmark durchtrennt. Ein richtiger Nicker wird in einer Steckscheide in der Nickertasche der Lederhose getragen. Die eigentliche Aufgabe ist aber sehr in den Hintergrund getreten, da sich der Fangschuß mit der Kurzwaffe durchgesetzt hat. Auch hat kaum ein Jäger genug Übung, um das Tier schnell und ohne Qualen durch Abnicken zu töten. Das Messer wird aber weiterhin als universelles Messer auf der Jagd benutzt und erfreut sich stetiger Beliebtheit.

Durchgesetzt hat sich die Nicker-Form mit der schlanken, spitzen Klinge und einem rundem Erl, der in einem Griff aus Reh- oder Rohirschgeweih oder dem Teil einer Gamskrucke steckt. Sie wird auch als „Trachtenstilett“ von Nichtjägern in der Nickertasche der Lederhose getragen.

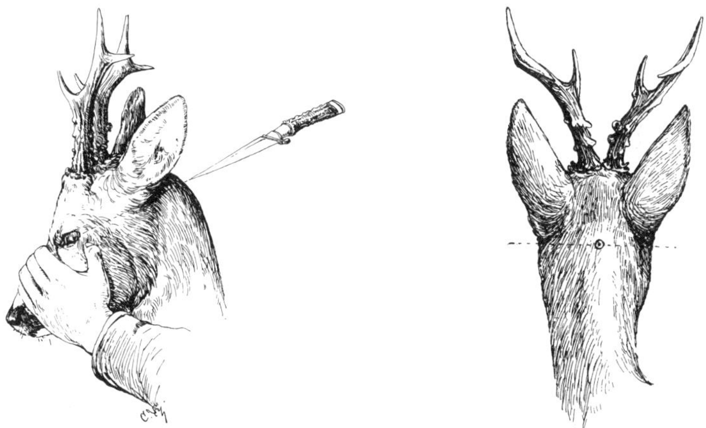

So wird ein Reh „abgenickt“

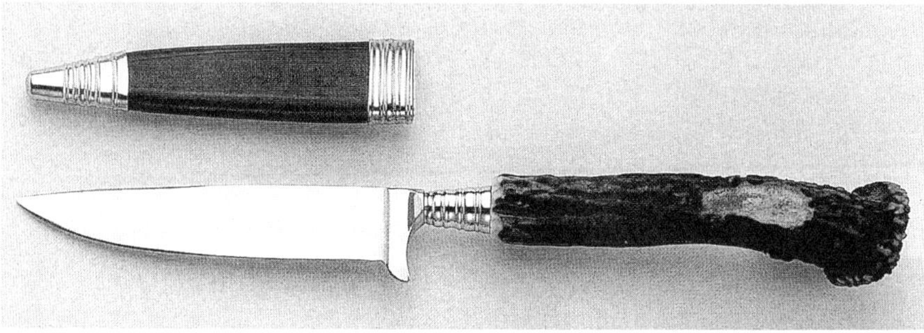

Nicker

4.7 Messer für Schlachter

Als Schlachtermesser werden die Messer bezeichnet, die von verschiedenen Firmen für den Schlachter- und Großküchenbedarf hergestellt werden.

Die Messer sind teilweise von der Form her sehr spezialisiert. Bedingt durch die Akkordarbeit in den Fleischfabriken lohnt es sich, für einzelne Arbeiten spezialisierte Messer anzubieten. Als Jäger benutzt man normalerweise „Universalmesser".

Zum einen gibt es die langen Messer, mit denen man die Fleischstücke außen so beschneidet, daß sie glatte Oberflächen aufweisen und schön anzusehen sind. Weiterhin kann man mit diesen Messern kleinere Fleischstücke zu Gulasch und ähnlichem verarbeiten.

Um die Knochen aus dem Fleisch zu lösen verwendet man Ausbeinmesser. Diese haben eine schmale Klinge, die bei einigen Formen auch nach oben, zum Rücken hin, gebogen sein kann. Diese Messer werden üblicherweise so gehalten, daß die Klinge unten aus der Hand steht, an der Seite des Kleinen Fingers. Besonders gut lassen sie sich mit flexiblen Klingen einsetzen.

Ausbeinmesser

Für das Zurechtschneiden der Braten werden „Blockmesser" mit einer langen Klinge verwendet. Der Name kommt von dem Block, auf dem mit diesen Messern gearbeitet wird.

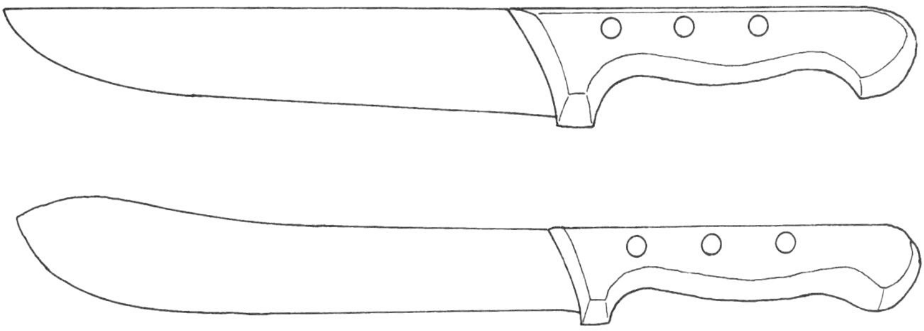

Blockmesser in zwei verschiedenen Ausführungen

Für das Abhäuten benutzt man die Abhäutemesser, im Englischen Skinner genannt. Die weit nach oben gezogene Klinge bietet eine lange Schneide und verringert die Gefahr, daß man in das Fell einschneidet.

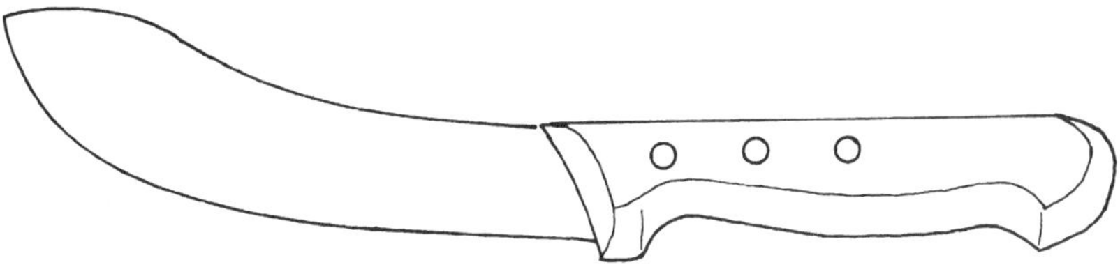

Abhäutemesser

Mit den Stechmessern werden die Schlachttiere getötet. Dazu ist die Klinge lang und gerade.

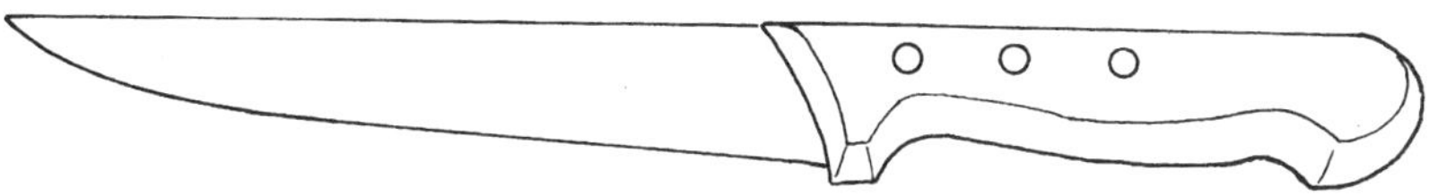

Stechmesser

An den Hinterläufen aufgehängte Rinder oder Schweine werden entlang des Rückenmarks in zwei Hälften gespalten. Dazu benutzte man früher ballig geschliffene Rinder- und Schweinespalter (auch Praxe oder Stockhacke genannt). Heute übernehmen motorgetriebene Sägen die Arbeit. Als Anekdote sei angemerkt, daß früher die Gesellenprüfung eines Henkers darin bestand, ein so aufgehängtes Schwein mit einem Hieb zu zerteilen.

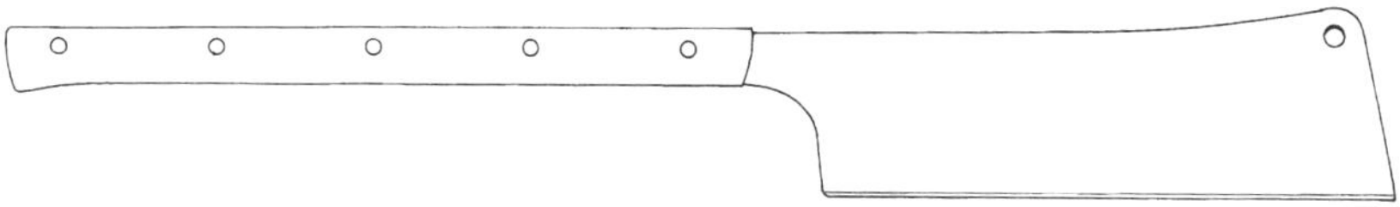

Rinderspalter

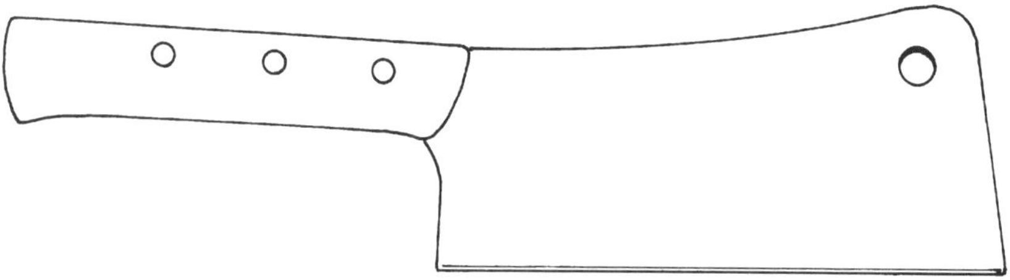

Spalter

Für den Gebrauch bei kleineren Fleischstücken werden kleinere Spalter hergestellt. Sie dienen beispielsweise dazu, aus einer Rückenhälfte Koteletts zu hacken. Zuerst wird das Fleisch zertrennt, dann werden die Knochen mit dem Spalter zerhackt. Mit Spaltern darf man keine Röhrenknochen bearbeiten, da diese zu stabil sind und die Schneide beschädigen würden. Die Besonderheit bei den Spaltern ist, daß sie ballig geschliffen werden, um die Schneide zu verstärken.

4.8 Sägemesser

Sägemesser haben an der Schneide anstatt des üblichen Anschliffs eine „Sägezahnung“. Diese wird angebracht, indem mit einer strukturierten Schleifscheibe kleine Wellen von einer Seite in die Klinge geschliffen werden. Mit der Säge wird das Schnittgut nicht „zersägt“. Die „Spitzen“ der Säge sorgen vielmehr dafür, daß die innen geschärften Bögen nicht mit dem harten Porzellan der Teller in Berührung kommen. Die Spitzen schützen die Schärfe, indem sie sich selbst abnutzen. Weiterhin wirken die Messer mit dem groben Wellenschliff dadurch, daß die Bögen der Wellen in einem besseren Winkel zum Schnittgut stehen.

Immer wieder werden einem auch Messer mit Sägezahnung an der Schneide zum Schleifen untergeschoben. Dabei ist es wichtig, die Messer immer nur von der Seite anzuschleifen, die der Säge gegenüberliegt. Dabei sollte man immer nur sehr vorsichtig vorgehen und die Klinge sehr flach halten. Beim Polieren sollte man versuchen, die Säge möglichst immer in Laufrichtung der Schwabbelscheibe zu halten, damit sich das Messer nicht fängt und durch den Raum geschleudert wird.

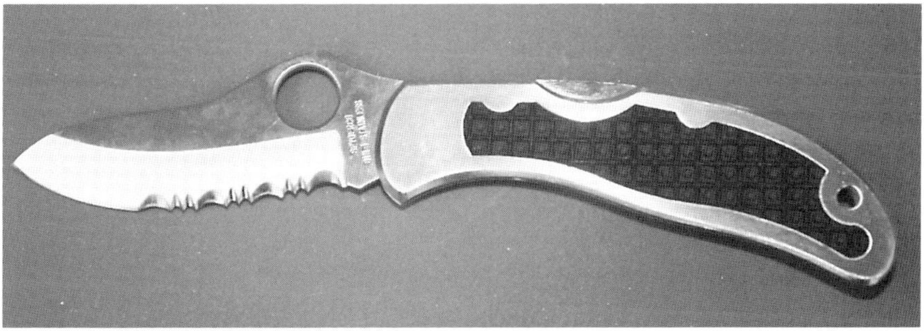

Messer mit Säge an einem Teil der Klinge

4.9 Rasiermesser

Heutzutage scheint sich ein Mann bei der Naßrasur nur noch mit einem Doppelklingenrasierer seiner Bartpracht entledigen zu können. Das läßt uns zumindest die Werbung glauben. Aber es gibt immer noch Frisöre, die eine klassische Naßrasur mit dem Messer beherrschen. Typisch für ein Rasiermesser ist der tiefe Hohlschliff, der die Schneide sehr dünn und somit scharf, aber auch empfindlich macht. Der Rücken des Rasiermessers ist sehr dick. So kann man die Messer besser schleifen. Der Rücken dient gleichzeitig dazu, den Winkel der Scheide zum Schleifstein konstant zu halten. Dazu werden Schneide und Rücken gleichzeitig auf den Stein gelegt und zusammen geschliffen.

Früher, in der „guten alten Zeit“, hatte jeder Mann im Regal beim Frisör einen Platz, in dem der Rasiertiegel mit der Seife, der Rasierpinsel und das Rasiermesser lagerten. Das Messer wurde regelmäßig geschliffen und vor der Rasur auf dem Streichriemen – mit einer Streichriemenpaste eingerieben – in schneller Bewegung mit der Schneide gestrichen (= abgezogen).

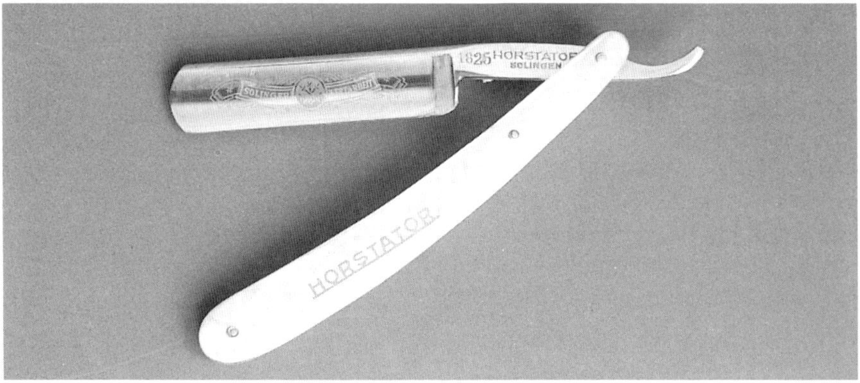

Rasiermesser

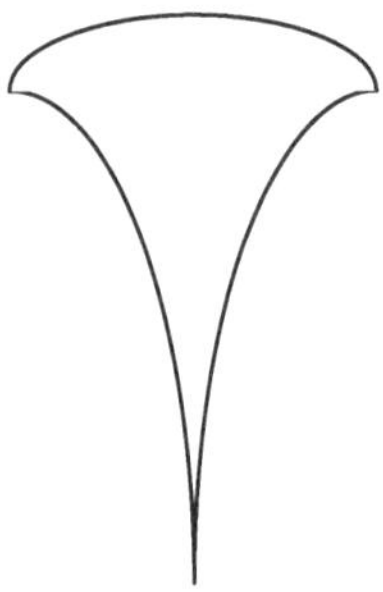

Rasiermesserklinge im Querschnitt, ein typischer Hohlschliff

4.10 Japanische Schneidwaren

Immer wieder hört man von der sagenhaften Leistung der japanischen Schwerter. Die Klingengeometrie und die Härtung der Klingen hat darauf großen Einfluß. Die Schneide ist zumeist sehr hart, der Rücken und der Klingenkern ist weicher und somit elastisch. Die Klingengeometrie ist so geformt, daß die beiden Seiten der Schneide nur einen Winkel bilden. Die bei europäischen Klingen angeschliffene Fase gibt es in Japan nicht. Zusätzlich sind die Seiten extrem sorgfältig poliert, so daß die Klingen kaum Reibung im Schnittgut zeigen.

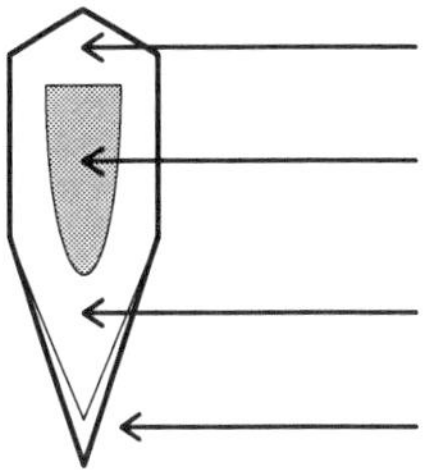

Querschnitt durch ein japanisches Schwert

Die faszinierende Welt der japanischen Schwerter bietet nicht nur Raum für ein Buch, sondern gleich für mehrere. Momentan sind einige gute Werke auch in deutscher Sprache erhältlich. Jede gut sortierte Buchhandlung kann entsprechende Literatur beschaffen.

5 Wie schärft man ein Messer?

5.1 Allgemeines

Die vom Messerschleifen bekannte Tatsachen sind sagenumwobene Halbwahrheiten; Mythen, seit Generationen vom Vater dem erstgeborenen Sohn verraten, nur halb verstanden und falsch weitererzählt. Dabei kommen dann solche Märchen heraus wie „nicht rostfreier Stahl ist besser“ oder „wenn das Messer stumpf ist, ziehst Du es zweimal über den Stahl, dann geht's wieder“.

Das Schleifen eines Messers hat aber nichts mit dunklen Mächten und deren Überlistung zu tun, sondern ist an sich ein ganz einfacher Vorgang. Als Warnung vorweg für alle diejenigen, die seit Jahrzehnten zur Jagd gehen und Messer „wetzen“: ich schneide dabei einige alte Zöpfe ab und räume mit den Märchen auf. Wer aber an das glaubt, was ihm sein Vater vor 50 Jahren erzählt hat, das für richtig hält und sich nicht eines Besseren belehren lassen will, der braucht hier nicht weiterzulesen.

Im folgenden befasse ich mich mit einigen Begriffen der Metallkunde. Für das Verständnis muß ich vorweg einige Fachbegriffe einführen, damit auch diejenigen, die sich nicht mit Metallbearbeitung befaßt haben, den Ausführungen folgen können. Der erste Begriff ist das „Schleifen“; darunter versteht man das materialabhebende Bearbeiten von Metall mit scharfen Schleifmitteln wie Sandpapier, Schleifscheiben oder Schleifsteinen. Bei diesem Vorgang schabt das Schleifkorn Metall ab. Das Stück Metall bzw. die Klinge wird also kleiner. Im Gegensatz zum Schleifen wird beim „Läppen“ – auch „Polieren“ genannt – das Metall mit stumpfen, also runden Körnern bearbeitet. Dabei werden Grate entfernt, ohne neue Grate aufzuwerfen, und die Oberfläche wird geglättet.

Beim Abziehen auf einem Abziehstein werden die Seiten des Messers bzw. der Schneide geglättet, indem diese mit einer feineren Körnung bearbeitet werden. Das entfernt die Werkzeugspuren der gröberen Steine.

Beim „Wetzen“ eines Messers wird mit dem Wetzstahl die gebogene, umgelegte Schneide wieder aufgerichtet.

5.2 Was ist „scharf“, was ist „stumpf“?

Der Ausgangspunkt unserer Bemühungen ist ein stumpfes Messer. Da der Begriff „stumpf“ aber sehr subjektiv ist, brauchen wir ein Kriterium, das ein Messer als objektiv stumpf charakterisiert. Dabei zeigt der Blick durch eine starke Lupe den unten dargestellten Querschnitt.

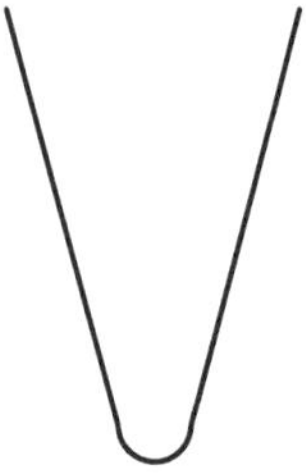

Stumpfe Schneide mit Rundung

Die Schneide ist abgerundet, also der Teil der Klinge, der mit dem Schnittgut in Kontakt kommt und es zerteilt. Die Breite der abgerundeten Schneide ist ein Maß dafür, wie stumpf ein Messer ist. Je breiter, desto stumpfer. Dabei kommt es auf den Verwendungszweck der Klinge an. Was für ein Rasiermesser stumpf ist, kann für eine Axt noch sehr scharf sein. Beim Blick auf die Schneide sieht man einen hellen Streifen, weil die breite Fläche das Licht reflektiert.

Was aber ist „scharf“? Scharf ist ein Messer, bei dem die Schneide im Querschnitt spitz zuläuft, und keine nennenswerte Fläche oder Rundung aufweist.

Winkel läuft in einer Spitze aus = scharfe Schneide

Aber nicht nur das. Eine Messerklinge kann in unterschiedlichen Winkeln auslaufen. Je größer dieser Winkel, desto schlechter kann das Messer zwischen das Schnittgut dringen, desto schlechter schneidet das Messer.

Wie schärfe ich nun mein Messer? Dazu gibt es zwei Möglichkeiten: die erste ist, die Klinge zur Schneide hin auszuschmieden, das ist aber fast nicht machbar und somit eine theoretische Lösung. Die zweite Möglichkeit ist, die Klinge zu schleifen, also materialabhebend zu bearbeiten.

Dabei wird von der Klinge Material entfernt. Das wollen die meisten Messerbesitzer allerdings nicht wahrhaben, denn das heißt ja, das von dem teuren Messer irgendwann die Klinge weggeschliffen ist, sich das Prachtstück also aufbraucht. Davon hat in der Werbung keine Firma etwas gesagt. Der Griff ist darauf ausgelegt, hundert Jahre zu halten, aber schon nach wenigen Jahren ist die Klinge unbrauchbar, weil zu stark abgeschliffen. Es gibt aber leider keine andere Lösung.

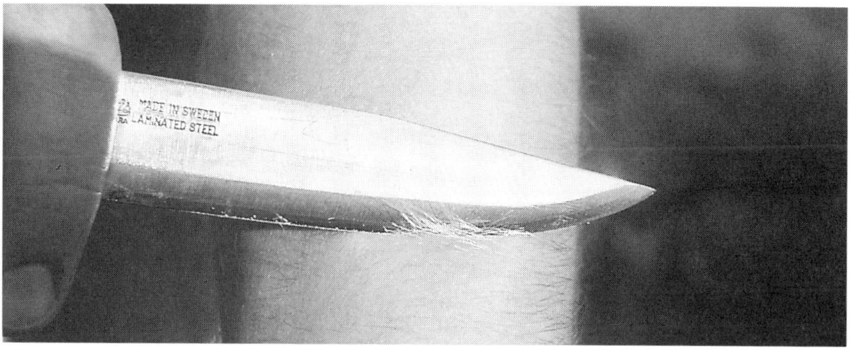

Ein scharfes Messer rasiert die Haare vom Unterarm...

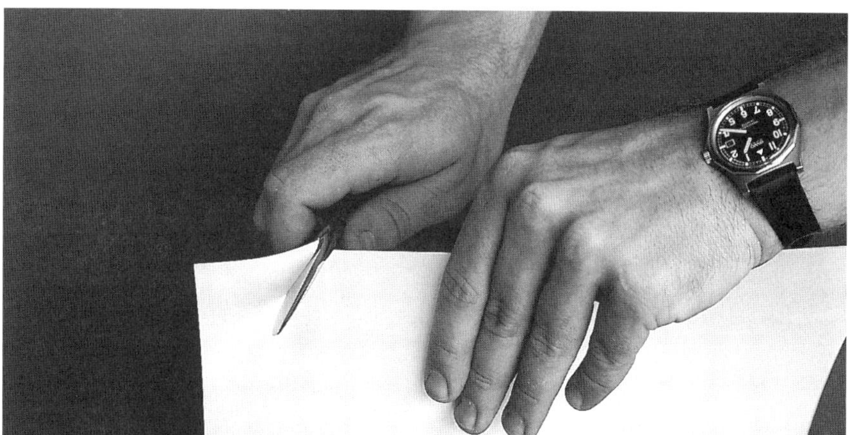

...oder durchtrennt ein Blatt Papier

Eine Klinge kann an der Schneide Scharten aufweisen. Bei Scharten handelt es sich um Ausbrüche und Beschädigungen, die nicht durch natürliche Abnutzung, sondern durch unsachgemäße Anwendung der Klinge verursacht wurden.

Die Schartigkeit der Klinge testet man mit der Nagelprobe. Dabei wird die Schneide langsam, flach und mit wenig Druck über den Daumennagel gezogen. Dabei beginnt man am Heft und endet an der Spitze. Bei sehr dünn ausgeschliffenen Klingen, wie beispielsweise Rasiermessern, biegt man dabei den Teil der Schneide leicht hoch, den man gerade mit dem Nagel unterstützt. Diese hochgebogene Stelle sieht man im hellen Licht sehr gut. Wichtiger bei der Nagelprobe ist aber, daß man mit Hilfe der feinen Nerven in der Daumenkuppe jede noch so kleine Unebenheit und Scharte in der Schneide spürt.

Die Schärfe einer Klinge testet man anders. Je nach Verwendungszweck des Messers kann man versuchen, die Haare auf dem Unterarm zu rasieren, aber immer mit dem Strich und sehr flach gehaltener Klinge. Die Haare werden bei einer sehr scharfen Klinge nicht direkt auf der Haut abgeschnitten, sondern die Klinge greift das etwas aufgerichtete Haar und durchtrennt es knapp über der Haut.

Eine mehr auf Schau gemachte Probe ist das Abschlagen einer frei hochgehaltenen Ecke einer Zeitung oder das Durchtrennen eines frei hängenden Hanfseiles mit einem Schlag.

Die Probe für große Messer: ein zölliges, frei hängendes Seil aus Manila-Hanf (links) wird mit einem Schlag durchtrennt (rechts)

Eine andere Möglichkeit ist, die Klinge auf die Nackenhaare aufzusetzen. Sie muß durch das Eigengewicht so in die Haare einschneiden, daß sie hängenbleibt, dann ist sie scharf. Man spürt das Ziehen an den Haaren sehr gut.

Ebenfalls durch das Eigengewicht der Klinge bleibt sie auf dem Daumennagel stehen, wenn sie scharf genug ist.

Betrachtet man sich die Schneiden bei fabrikneuen Messern, wird man fast immer feststellen, daß diese nur mit einer groben Schleifscheibe geschärft wurden. Die Schneide ist auch nur sehr kurz, demzufolge der Winkel sehr stumpf. Das macht für die Firmen Sinn: Die Kunden sind keine wirklich scharfen Messer gewohnt, wissen somit nicht, daß diese Messer relativ stumpf sind und es auch besser geht. Die Schneide ist stabil, durch die Rauhigkeit erweckt sie den Eindruck der Schärfe. Noch wichtiger ist aber, daß die Schneide „länger steht", weil die stabile Schneide nicht so anfällig ist. Auch werden die Schneideigenschaften nicht so schnell merklich schlechter, weil sie von Anfang an schon nicht sehr gut waren.

5.3 Der richtige Schneidenwinkel

Welchen Winkel muß die Schneide den haben, um richtig scharf zu sein? Erst einmal muß man dazu ausführen, wo überall welche Winkel sitzen. Die Klinge hat eine gedachte Linie durch die Mitte der Klinge und die Spitze der Schneide. Einmal kann man die Winkel zu der gedachten Mittellinie messen, zum anderen auch zu der gegenüberliegenden Seite. Beim Schleifen kann man den Winkel zum Schleifstein zu der Mittellinie der Klinge angeben oder zur Seite der Klinge (die zur Mittellinie der Klinge selbst einen Winkel einnimmt!)

Grundsätzlich gilt, daß ein Messer umso schärfer ist und bessere Schneideigenschaften besitzt, je spitzer der Winkel der Schneide ist. Aber jedes Ding hat zwei Seiten, und so geht mit den guten Schneideigenschaften und dem spitzen Winkel eine empfindliche und instabile Klinge einher.

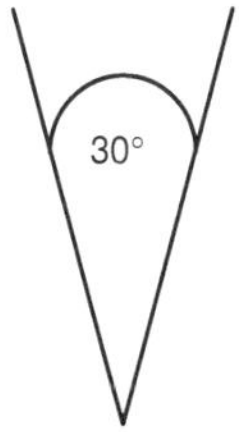

30°, der kleinste Schneidenwinkel, den man schleifen sollte

Im Folgenden beschreibe ich eine Klinge mit einem Schneidenwinkel von 30°. Das ist mit der steilste Winkel, den man schleifen sollte. Je gröber die

Arbeiten sind, die man mit dem Messer verrichten will, desto größer sollte der Winkel sein. Bei den Schneidenwinkeln braucht man sich aber nicht sklavisch an die Winkelvorgaben zu halten. In anderen Veröffentlichungen findet man oft die Anweisung, 22,5° zu schleifen, und der Rest des Textes erweckt den Anschein, daß das Messer nicht schneidet, falls man ein halbes Grad abweicht. Das ist natürlich Unfug. Der einmal gewählte Winkel muß beim Schleifen auf dem Stein immer wieder genau reproduziert werden, damit der Stein immer an der gleichen Stelle Material abnehmen kann. Beim Schleifen auf dem Bandschleifer wird die Klinge nur einmal aufgelegt, daher ist das Schleifen damit einfacher. Sie wird in einem Zuge geschliffen. Ob der Winkel nun 22,5° oder 15° groß ist, spielt dabei keine Rolle. Es geht um das Schleifergebnis.

Eine stumpfe Klinge besitzt an den Seiten Material, welches entfernt werden muß, um den Schneidenwinkel von 30° wieder herzustellen. Im zweiten Schritt wird die Schneide, die nach dem Entfernen des überflüssigen Materials noch rauh ist, durch Polieren geglättet.

Nun aber nach viel Vorwissen zur Sache: was ist von dem Material an der Klinge überflüssig, und wie bekomme ich das Material dort weg?

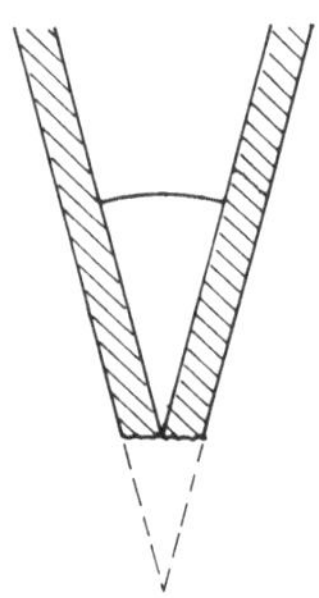

Der weiße Teil bildet die neue Schneide, der schraffierte Teil des Klingenmaterials muß entfernt werden, um den Schneidenwinkel beizubehalten

Wenn die Schneide einen Winkel von 30° haben soll, dann muß man sie so auf den Schleifstein oder den Bandschleifer legen, daß die Mittellinie der Klinge 15° zur Oberfläche des Schleifmittels einnimmt. Dabei ist es wichtig, daß dieser einmal gewählte Winkel konstant eingehalten wird. Sonst bestimmt der ungünstigste Winkel die Schneide. Es ist also schlecht, bei 90% der Schleifzeit den 15°-Winkel anzustreben, dann aber kurzzeitig 30° oder 35° zu schleifen. Die resultierende Schneide hat dann einen Winkel von 60° oder 70° und schneidet entsprechend schlechter.

Da das Einhalten des konstanten Schleifwinkels beim Schleifen frei Hand auf dem Schleifstein erst nach langer Übung und mit begnadeten Händen gelingt, wurden allerlei Gerätschaften entwickelt, die es ermöglichen, den einmal gewählten Winkel einzuhalten. Dazu zählen die Lansky-Modelle und baugleiche.

Ein Bandschleifer ermöglicht auch dem Ungeübten, den richtigen Schleifwinkel einzuhalten. Das Messer wird nur einmal auf jeder Seite auf das Schleifband gelegt. Da sich das Schleifband bewegt, wird das Messer nur festgehalten. So ist es leicht, den Winkel beizubehalten.

Wenn die Schleifarbeiten auf beiden Seiten abgeschlossen sind, läuft auf beiden Seiten der Klinge die Schneide mit einer Breite von 1 mm und mehr – je nach Klingenwinkel. Je kleiner (spitzer) der Klingenwinkel ist, desto größer wird die Schneidenbreite. Um bei einem modernen Jagdmesser mit einer Klingenrückenbreite von 4 mm bis 5 mm eine Schneide von 30° anzuschleifen, wird die Schneide schon mal 2 mm bis 3 mm breit. Das sieht für viele nicht schön aus, aber was ist wichtiger, ein Messer, das schön aussieht oder eines, das schneidet?

Die Klinge wird im richtigen Schleifwinkel auf das langsam (langsamste Stufe, damit sich die Klinge nicht erhitzen kann) laufende Schleifband gedrückt. Je dünner die Klinge ist, desto feiner muß das Schleifband sein. Für ein Jagdmesser ist 180 bis 240 die richtige Körnung, für eine Axt ist 60 ausreichend. Bei den Bewegungen auf dem Schleifband ist es unerheblich, ob die Bewegung der Klinge vom Heft in Richtung Spitze erfolgt oder umgekehrt, und ob die Schneide mit oder gegen die Bandlaufrichtung zeigt. Beim Aufsetzen der Klinge sollte man etwas Vorsicht walten lassen, denn die Schneide kann unter ungünstigen Bedingungen an der Kante in das Schleifband einschneiden.

Bei guter Beleuchtung sieht man auf der Schneide bald einen hellen Streifen: Das ist der Grat, der aufgeworfen wurde. Die Klinge wird nun so über den Bandschleifer gezogen, bis der Grat (der helle Streifen) auf ganzer Länge auf der Schneide zu sehen ist. Dieser Grat ist das Zeichen dafür, daß das angesprochene überflüssige Material entfernt ist. Er zeigt auch dem Laien, daß der Schleifvorgang abgeschlossen ist. Der Grat wird erst aufgeworfen, wenn die Rundung, die die stumpfe Schneide bildet, bis über die Mittellinie der Klinge hinaus abgeschliffen wurde. Wer den Grat nicht sehen kann, der kann ihn mit dem Finger fühlen, indem er mit der Fingerkuppe vom Klingenrücken in Richtung über die Schneide hinweg streicht. Jeden Grat fühlt man als Rauhigkeit und Widerstand.

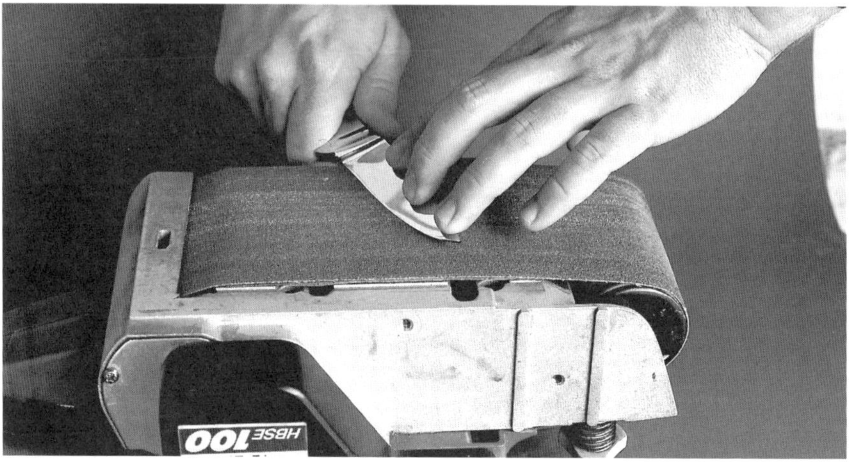

So schleift man auf dem Bandschleifer

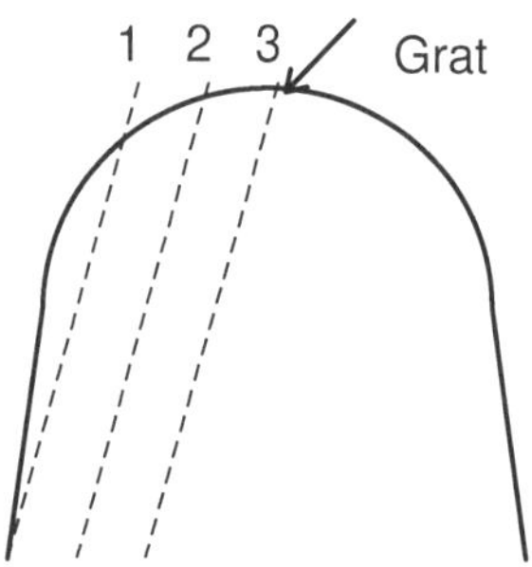

Der Grat wird aufgeworfen, wenn man beim Schleifen über die Rundung kommt (Linie 3)

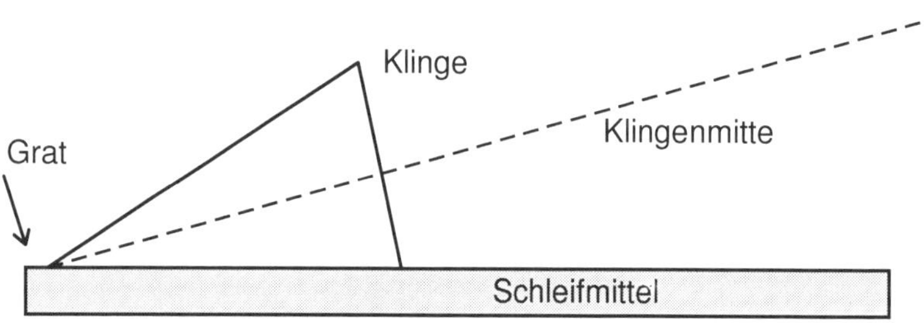

Hier wirft sich der Grat auf

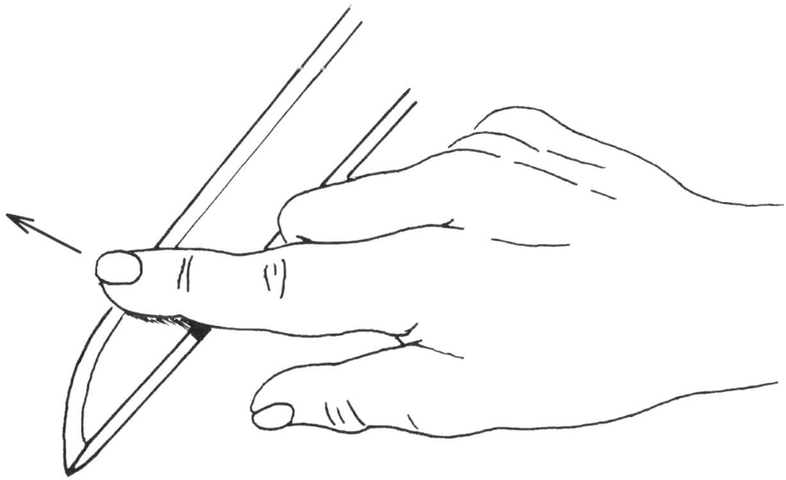

So fühlt man den Grat an der Klinge

Es sollte nur so weit geschliffen werden, bis man den Grat bemerkt, da sonst mehr Material als notwendig entfernt wird. Die Klinge wird dadurch auch keinesfalls schärfer. Die andere Klingenseite wird nun – genau wie die erste – so lange geschliffen, bis auch hier der Grat auf ganzer Länge aufgeworfen wird. Dann ist auch von dieser Seite her die Rundung abgeschliffen und das überflüssige Material entfernt. Benutzt man zum Schleifen einen Bandschleifer, dann sollte man sich immer vor Augen halten, daß er das Material äußerst schnell abträgt. Paßt man einen Moment nicht richtig auf, hat man zu viel abgetragen.

Beim Schleifen auf einem Schleifstein ist das ganze dadurch erschwert, daß der Schleifwinkel von Hand eingehalten werden muß. Dieses gelingt, wie gesagt, nur durch viel Übung und Erfahrung. Deshalb sind die Ergebnisse dabei auch nicht so gut wie bei der Methode mit dem Bandschleifer. Wer Angst hat, die schön polierten Flächen seines Messers zu zerkratzen, beklebt sie vorher mit Gewebeband oder Tesakrepp.

Die meisten Hersteller beschränken sich in der Gebrauchsanleitung auf den Rat, der Kunde solle versuchen „eine dünne Scheibe vom Schleifstein abzuschneiden". Ausführlicher ist es meist nicht. Beim Schleifen auf dem Stein wird wie beim Bandschleifer verfahren. Erst eine Seite, bis sich Grat auf der ganzen Länge der Schneide zeigt, und dann die andere Seite, bis sich ebenfalls ein Grat zeigt. Die dabei ausgeführten Bewegungen sind aber kein vorsichtiges Scheuern, sondern ein kraftvolles Schmirgeln, denn es soll ja Material abgetragen werden. Ich weise nochmals auf den Grat hin, weil er so wichtig ist: Es wird erst eine Seite fertiggeschliffen. Das ständige Seitenwechseln nach sieben Strichen in eine Richtung (oder was für andere magische Zahlen angegeben werden) ist Unfug. Man schleift dabei den Grat und somit die Information über den Bearbeitungszustand der Schneide weg. Um sich das Einhalten des Winkels zu vereinfachen, kann man sich eine Schablone fertigen, indem man mit einem Geodreieck den 15°-Winkel auf Pappe aufzeichnet und ausschneidet.

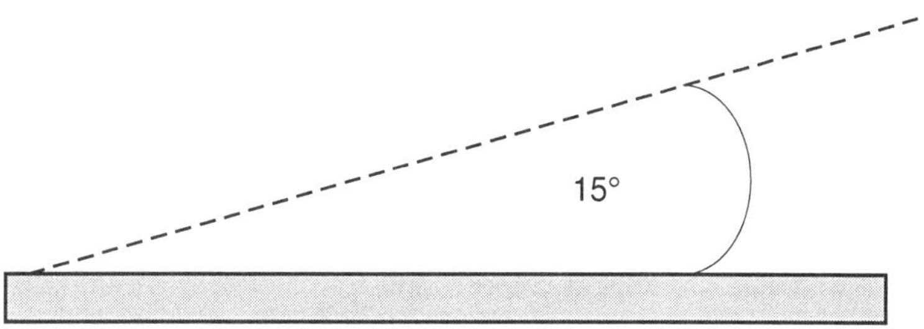

Der Schleifwinkel von 15° zur Mittelachse der Klinge

Der Schleifstein wird nicht mit Öl, Speichel oder Wasser behandelt, sondern vorher mit Petroleum und einem Lappen abgerieben, um die verstopften Poren zu öffnen und den Dreck und alten Schleifstaub zu entfernen.

Die Schleiföle und sonstigen Tinkturen für den Schleifstein sind nicht nur unnütz, sie schaden dem Schleifergebnis sogar. Was passiert dabei? Man versucht, durch das Schleifen eine Schneide herzustellen, die sehr fein und dabei frei von Beulen und Scharten ist. Wie soll das gehen, wenn man diese empfindliche Schneide durch eine viskose Flüssigkeit zieht, die angereichert ist mit Schleif- und Metallpartikeln? Das ist wie ein Schnitt ins Erdreich, wer tut das seinem Messer an? Also muß der Stein immer trokken sein, das sich bildende Schleifpulver wird ab und zu weggeblasen. Die Oberfläche des Steins ist für das Schleifergebnis wichtig, nicht der Schleifstaub im Öl. Würden sonst die Schlachter Ihre Messer an einem Bandschleifer schärfen?

Nach diesen Arbeiten halten wir ein Messer in der Hand, dessen Schneide jetzt zwar den richtigen Winkel aufweist, an deren wichtigster Stelle jedoch noch ein Grat entfernt werden muß. Dieser Grat wird jetzt nicht mehr durch Schleifen entfernt, sondern durch Läppen, also Polieren mit einem stumpfen Korn. Dabei wird gleichzeitig die Schneide geglättet, damit sie nicht die Scharten vom Schleifen aufweist und bei der Nagelprobe den samtartigen Eindruck hinterläßt, den wir anstreben.

Um diesen Grat zu entfernen, setzt man die Schwabbelscheibe in Gang, wartet, bis sie auf Höchstgeschwindigkeit läuft, und hält kurz das Polierwachs an die sich drehende Scheibe.

An die Schwabbelscheibe wird Polierwachs gehalten

Bevor sich der Leser zu Hause an die Schwabbelscheibe stellt, möchte ich nochmals die Warnung äußern: bei der Schwabbelscheibe handelt es sich um ein gefährliches Werkzeug. Arbeitshandschuhe und eine Schutzbrille sind dabei ein absolutes Muß. Alle flatternden Kleidungsstücke und lange Haare sollten nicht mit der Scheibe in Berührung kommen können. Da ich die Benutzung der Schwabbelscheibe durch den Leser nicht überwachen kann, lehne ich jegliche Haftung ab und weise den Leser darauf hin, daß die Benutzung ausschließlich auf eigene Gefahr geschieht.

Das Messer wird nun vorsichtig an die Schwabbelscheibe gehalten, wobei die Schneide in Laufrichtung der Scheibe zeigt, also nicht in die Schwabbelscheibe einschneiden kann. Wenn der Kontakt zwischen der Schneide und der Scheibe hergestellt ist, wird der Andruck langsam erhöht. Dabei wird die Klinge am Heft beginnend bis zur Spitze über die Scheibe gezogen. Wenn die andere Seite der Klinge poliert werden soll, wird das Messer so gedreht, daß die Schwabbelscheibe die Klinge nicht fassen kann. Die Schneide zeigt also in Laufrichtung der Scheibe. Wieder poliert man vom Heft bis zur Spitze.

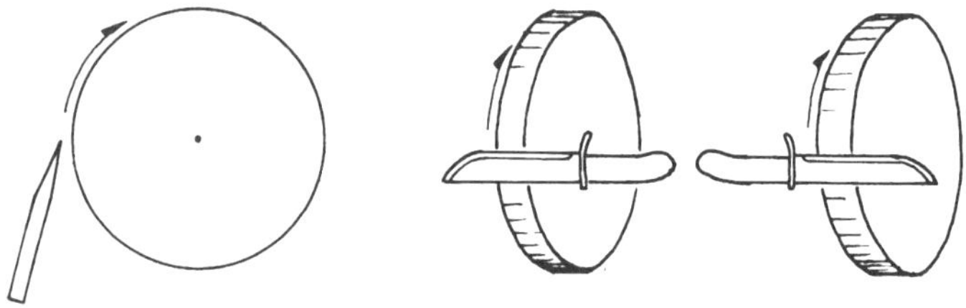

So wird das Messer an die Schwabbelscheibe gehalten: immer mit der Schneide in Laufrichtung!

Der Grat wird an der Schwabbelscheibe abpoliert

Danach testet man die Klinge, indem man die Arbeitshandschuhe auszieht und mit der Daumenkuppe vom Rücken her über die Schneide streicht und feststellt, wo sich noch Grat befindet. Dieser wird nach erneutem Polierwachsauftrag auf die Schwabbelscheibe abpoliert. Beim Polieren kommt es darauf an, nur so weit zu polieren, bis der Grat verschwunden ist. Alles, was darüber hinausgeht, ist schlecht: Es macht das Messer wieder stumpf, weil es die Schneide abrundet.

Die Klinge ist dann noch von dem Polierwachs verschmutzt, das läßt sich aber mit Aceton oder Reinigungsbenzin auf einem Lappen einfach entfernen.

Einige Experten empfehlen nach dem Schleifen mit dem groben Stein ein „Abziehen“ auf einem feinen Stein. Das ist an sich in Ordnung, wenn man den gleichen Winkel einhält und damit nur die Werkzeugspuren von dem groben Stein entfernt. Aber beim Abziehen soll ein stumpferer Winkel als mit dem groben Stein geschliffen werden. Folgt man dieser Anweisung, dann wird die Schneide stabiler, sprich stumpfer.

Was sie jetzt in der Hand halten, ist ein Messer mit einer Schneide, wie sie sein soll: scharf. Es gehört natürlich Übung dazu, um das zu erreichen. Aber weniger, als man denkt. Und warum muß man an den teueren Jagdmessern üben? Die Hausfrau freut sich auch, wenn ihre Küchenmesser geschliffen werden. So kann man sie auch ganz einfach über die in ihren Augen sündhaft teure und völlig überflüssige Anschaffung des Bandschleifers hinwegtrösten.

Eine scharfe Schneide braucht auch Pflege. Dazu muß man wissen, was mit der Schneide bei der Benutzung passiert. Die Schneide ist sehr dünn, daher sehr biegsam und empfindlich. Trifft sie auf harte Substanzen, biegt sich die Schneide leicht aus der Richtung, „die Schneide legt sich um". Wird sie wieder und immer wieder gebogen, so bricht ein mikroskopisch kleines Stück aus der Schneide heraus. Die Schneide ist nicht mehr spitz und somit scharf, sondern viel breiter und schartig. Dann muß die Schneide neu geschliffen werden, da das Material weggebrochen ist.

Mit dem polierten Stahl richtet man eine umgelegte Schneide wieder auf, bevor größere Stücke ausbrechen und so die Schneide abstumpfen können.

Umgelegte Schneide vor dem Aufrichten mit einem polierten Wetzstahl

Um dieses Biegen zu verhindern, darf man die Klinge nicht verkanten oder damit hebeln, sondern nur damit schneiden. Aber auch beim normalen Schneiden legt sich die Schneide um, besonders wenn man wie beim Ausbeinen auf Knochen trifft. Die Schneide wird mit dem polierten Wetzstahl zurückgebogen. Dabei wird das Messer mit wenig Druck gegen die Schneide beim Heft beginnend bis zur Spitze über den Stahl gezogen. Es ist wichtig, dabei den Schleifwinkel einigermaßen einzuhalten und einige wenige Male immer abwechselnd mit jeder Seite den Wetzstahl entlangzustreichen. Jegliches hektische Wetzen führt nur dazu, daß die Schneide durch das kraftvolle Auftreffen auf den Stahl Dellen bekommt und so beschädigt wird.

Bei der Benutzung des Wetzstahles wird im Gegensatz zum Schleifstein kein Material abgetragen, sondern nur zurückgebogen. Der Wetzstahl darf daher nicht rauh oder schartig, sondern muß möglichst glatt sein, um die Schneide nicht zu beschädigen. Ein stumpfes Messer kann man mit einem Wetzstahl nicht wieder schärfen, man kann nur das Stumpfwerden hinauszögern.

Um den vollen Erfolg zu haben, muß man den Wetzstahl rechtzeitig benutzen, und das heißt nach wenigen Schnitten und nicht erst, wenn das Messer nicht mehr richtig schneidet. Als Beispiel für das richtige Wetzen kennt jeder den Schlachter, der nach wenigen Schnitten sein Messer wetzt und dann wieder wenige Schnitte macht. Wenn die Schneide erst schartig und stumpf ist, hilft Wetzen nicht mehr weiter, die Klinge muß neu geschliffen werden. Manchmal hilft dabei auch die Schwabbelscheibe weiter, aber nur, wenn das Messer noch nicht allzu stumpf geworden ist.

Viele benutzen Ihren Wetzstahl, indem sie an der Spitze beginnen und auf sich zu in Richtung Griff streichen. Dabei ist es sicherer, am Griff zu beginnen und in Richtung Spitze zu streichen. Wenn man etwas „verträumt" sein Messer wetzt, ist die Bewegung vom Körper weg immer sicherer. Wer sich auch dabei noch unwohl fühlt, der stellt den Wetzstahl mit der Spitze auf den Tisch, hält ihn mit der linken Hand am Griff und streicht das Messer von oben nach unten auf den Tisch zu. Das Messer wird wechselseitig am Heft angesetzt und nach unten zur Spitze gezogen.

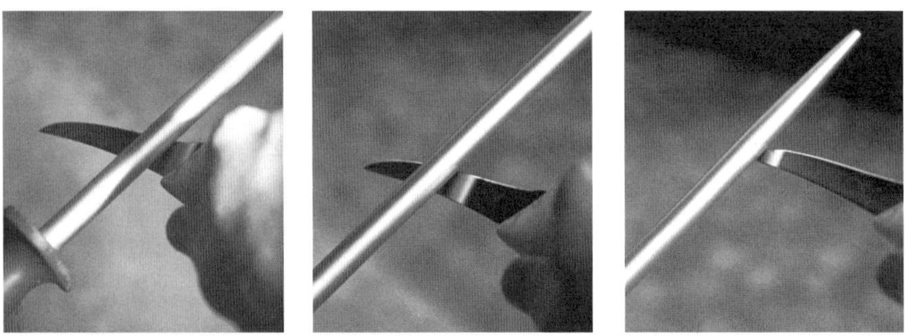

Messer richtig wetzen: Ansatz...Mitte...und Ende

5.4 Wellenschliff/Sägezahnung schärfen

Einige Messerhersteller liefern heutzutage Messer, die am hinteren Teil der Klinge einen Wellenschliff besitzen. Diesen Wellenschliff gibt es in verschiedenen Stärken, die feinste Zahnung wird als Anreißschneide bezeichnet. Der Sinn der Anreißschneide ist mir erst nach Jahren bewußt geworden, als ich eine Beschreibung zu einem von mir gekauften Messer gelesen habe. Die Firma erklärte darin, daß die Anreißschneide dazu da sei, um das Schneiden von Tomaten zu vereinfachen. In meiner Jagdpraxis hatte ich noch nie Schwierigkeiten damit, Tomaten zu schneiden. Ich würde auch nie auf den Gedanken kommen, dafür zwei oder drei Zentimeter der Schneide zu opfern. An einem nach meiner Anleitung geschliffenen Messer ist eine Anreißschneide ohnehin überflüssig.

Wer diese Anreißschneide nicht herausschleifen, sondern nachschleifen will, dem rate ich folgendes: Wie auch bei Tafelmessern mit Wellenschliff wird die Zahnung nur von der abgewandten Seite ganz leicht und sehr flach angeschliffen, dann ist sie wieder scharf wie zuvor.

Der Wellenschliff bei Tafelmessern hat weniger den Sinn, mit den Spitzen der Zahnung das Schnittgut zu durchtrennen, als mit Hilfe der Spitzen die Schneide in den Bögen der Wellen vor dem harten Porzellan zu schützen. Beim Schneidvorgang liegen die Spitzen auf dem Teller auf und verhindern den Kontakt der Schneiden mit dem harten Untergrund, so können sie nicht abgestumpft werden.

Die Sägezahnungen bei den aus Film und Fernsehen bekannten Survival- oder Überlebensmessern dienen nicht dazu, wie vermutet Holz zu zersägen. Da die Zahnung nicht geschränkt ist, klemmen die Messer bzw. deren Rückensägen nach wenigen Zentimetern. Die Messer sehen damit nur martialisch aus.

5.5 Das Schleifwerkzeug

Doch nun zum Schleifwerkzeug an sich. Jeder, der etwas erfindet und nicht weiß, wozu es gut ist, sagt, es sei zum Messerschärfen. Schon verkauft sich seine Erfindung wie von selbst. Nur – was hat sich bisher bewährt?

Zuerst einmal muß der Schleifstein genannt werden. Dabei handelt es sich meist um zurechtgeschnittene Natursteine. Der Schleifstein sollte möglichst groß und möglichst grobkörnig sein, die winzigen Taschensteine sind unsinnig, weil viel zu klein. Die Klinge muß in einer Bewegung vom Heft bis zur Spitze über den Stein geführt werden können. Bei kurzen Klingen reicht daher ein kleiner Stein, bei langen Klingen muß der Stein entsprechend größer sein.

Ein Karborundstein (künstlicher Stein gepreßt aus Klebstoff und Steinmehl) ist ideal. Er wird auf ein Brett geklebt und mit Schraubzwingen am Tisch befestigt. Noch preiswerter ist es, feines Sandpapier mit doppelseitigem Klebeband auf ein Brett zu kleben und dieses dann mit Schraubzwingen am Tisch zu befestigen.

Auf vielen Bauernhöfen gibt es noch die alten großen Schleifsteine im Wasserbad. Auch werden diese Modelle heute noch von diversen forstlichen Versandhäusern angeboten. Sie eignen sich wegen ihrer Größe besser für großes Werkzeug wie Äxte und Hacken. Das Wasser sollte man nur zum tatsächlichen Schleifen in den Behälter füllen. Erstens wird der Stein an der wochenlang gewässerten Stelle weicher und nutzt sich dann ungleichmäßig ab, und zweitens friert im Winter der Behälter auseinander.

Das sind aber alles nur einfache Lösungen, besser geht es mit Maschinenkraft: Den Wasserstein kann man heute durch einen Bandschleifer ersetzen, der in der kleinsten Ausführung ausreicht, und der auch für andere Arbeiten in Haus und Hof zu gebrauchen ist. Er wird mit Schleifbändern der Körnungen 120, 180 und 240 bestückt und immer mit der langsamsten Bandgeschwindigkeit betrieben.

Die Zahlen bei den Schleifbändern geben an, wieviele Körner des Schleifmittels auf einem Quadratzentimeter aufgetragen sind. Demnach sind die Körner größer, und somit das Schleifband gröber, wenn nur 120 Körner auf einem Quadratzentimeter Platz finden, als bei der Körnung 240.

Zum Reinigen des zugesetzten Schleifbandes hält man einen Sektkorken aus Plastik kurz gegen das laufende Band: schon fliegen die Ablagerungen aus den Poren und das Band ist wieder offen.

Verschiedene Schleifsteine

Der Streichriemen wird ersetzt durch eine Moltonschwabbelscheibe mit Polierwachs der feinsten Körnung. Die Körnungen sind je nach Hersteller an der Farbe zu unterscheiden. Beides zusammen kostet je nach Ausführung und Durchmesser der Schwabbelscheibe zwischen 20 und 60 Mark. Die Schwabbelscheibe wird in einer Ständerbohrmaschine eingesetzt. Leider ist dabei die Größe der Schwabbelscheibe durch den Abstand zwischen Bohrfutter und Säule begrenzt. Auch eine normale Handbohrmaschine ist geeignet, wenn diese hinreichend sicher befestigt werden kann. Die Drehzahl sollte möglichst hoch liegen, bei 20 cm Durchmesser der Schwabbelscheibe etwa 2500 U/min.

Es gibt auch handelsübliche Kombinationen aus Bandschleifer und Schwabbelscheibe, die besonders im Schlachtereien eingesetzt werden. Diese Geräte sind für den gewerblichen Betrieb ausgelegt und werden meist von den Schlachter-Einkaufsgenossenschaften angeboten. Daher sind sie auch entsprechend leistungsfähig und dauerhaft – somit recht teuer. Für die gelegentliche Nutzung reichen einfache Bandschleifer aus. Auch die handgehaltenen Geräte kann man mit Schraubzwingen kopfüber an einem Tisch so befestigen, daß man problemlos damit schleifen kann.

Andere Konstruktionen besitzen je Seite eine Schleifscheibe aus Kunststein. Damit kann man das Messer immer mit der Laufrichtung schleifen. Zusätzlich laufen die Steine auch noch in einem Wasserbad. Die meisten dieser Geräte sind im Baumarkt zu haben und eigentlich für Meißel und Schraubendreher gedacht. Und dafür sollten sie auch vorbehalten bleiben. Die groben Schleifscheiben sind für Messer nicht geeignet.

Des weiteren werden „Doppelschleifer" mit schnell laufenden Scheiben aus grobem Kunststein im Baumarkt angeboten. Typisch ist, daß sie beim Schleifen von Bohrern etc. lange Funkenregen produzieren. Meist sind sie so untermotorisiert, daß man sie mit einem größeren Werkstück und etwas Druck anhalten kann.

Eine wichtige Warnung muß ich nochmals der Schwabbelscheibe voranstellen. Die Schwabbelscheibe ist eines der gefährlichsten Werkzeuge überhaupt: sie faßt plötzlich die zu polierenden Gegenstände, reißt sie dem Benutzer aus der Hand und schleudert sie mit hoher Geschwindigkeit durch den Raum, was bei Messern seine ganz eigenen Reize hat. Wer die Schwabbelscheibe noch zu anderen Polierarbeiten benutzt, muß unbedingt wissen, daß er kein Holz, Horn oder Elfenbein polieren darf, wenn er vorher Buntmetalle bearbeitet hat. Die angesprochenen Materialien verfärben sich dann unweigerlich schwarz. Auch die Messingbeschläge der Messer sollten nicht mit der Schwabbelscheibe bearbeitet werden, da die Kanten gerundet und die Flächen wellig und uneben werden. Für die Messingbeschläge eignet sich am besten Polierpaste für die Autopflege, die mit einem Lappen aufgerieben und dann von Hand mit dem Lappen abpoliert wird.

Der Wetzstahl muß fast glatt sein, sonst ist er für diese Zwecke unbrauchbar. Es gibt im Allgemeinen drei verschiedene Rauhigkeiten der Wetzstähle: den Standardzug, den Feinzug und den polierten Stahl. Mit den ersten beiden Sorten versucht man, die rauhen Seiten der frisch geschliffenen Schneide etwas zu glätten.

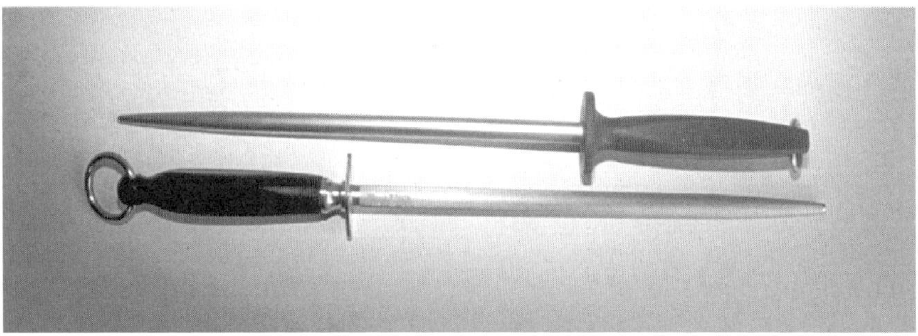

Wetzstahl in verschiedenen Ausführungen

Beim Wasserstein, also einem runden Stein, der in einem Wasserbad läuft, wird der Schleifstaub abgewaschen und landet unten in dem Wassertrog. Auf die Schneide kommt immer nur eine frische, saubere Steinoberfläche. Bei anderen Gelegenheiten, bei denen Stahl zerspant wird (Fräsen, Schleifen, Drehen) wird teilweise Öl zur Kühlung verwendet. Das aber nur, wenn es auch abfließen kann und dabei den Schleifstaub mit sich nimmt. Auf einem handgehaltenen Stein wird das Schleifstück aber nie so warm, daß es gekühlt werden müßte.

Ein Mythos ist, daß der Bandschleifer die Stahlstruktur ändert, indem die Schneide kurzfristig bis auf 800°C erhitzt wird. Dabei sollen die Kohlenstoffanteile verbrennen. Auch das ist nicht nachzuvollziehen, denn dann müßten die geschmiedeten Klingen überhaupt nicht zu härten sein, da sie rotglühend sicherlich heißer sind als die 800°C. Der Kohlenstoff müßte demnach schon beim Schmieden verbrannt sein.

Ein weiteres Argument für die Unschädlichkeit des Schleifens mittels Bandschleifer ist die Tatsache, daß der Bandschleifer – die richtige, also langsamste Bandgeschwindigkeit vorausgesetzt – keine Funken sprüht. Das ist bei schnell laufenden Schleifsteinen oftmals der Fall. Diese Funken sind winzige Metallteile, die aus dem Stahlverbund mit großer Energie herausgerissen werden, sich dabei aufheizen und beim Kontakt mit dem Luftsauerstoff verglühen.

Diese Ausrüstung zum Schleifen kostet Geld, sicherlich, gerade wenn dazu noch der Bandschleifer extra angeschafft wird. Aber andere Schärfgeräte gibt es auch nicht kostenlos. Die gezeigten Geräte unterscheiden sich von dem Rest auf dem Markt dadurch, daß sie funktionieren und leicht und schnell zu bedienen sind. Sie sind letztendlich dadurch auch preiswerter, weil nicht erst alle untauglichen Geräte gekauft werden müssen. Wer schon eine ganze Schublade voller unbrauchbarer Geräte hat, wird froh sein, endlich bei der richtigen Ausrüstung gelandet zu sein.

Man kann beim Schleifen viel „Budenzauber" veranstalten – viele verschiedene Steine, geheimnisvolle Schleiföle etc. Das Ergebnis wird bei dem Schnitt auf einen Knochen genauso zerstört wie die Schärfe an einem „schnell" geschliffenen Messer.

5.5.1 Lansky-Set

Eine weitere interessante Variante der Messerschärfgeräte ist das Lansky-Set und baugleiche oder von der Funktion her vergleichbare Typen. Das Messer wird mit dem Klingenrücken in eine Halterung gespannt. An diesem Gerät sind verschiedene Abstandshalter angebracht, die dafür sorgen, daß die Schleifkörper immer im gleichen Winkel an der Schneide vorbeigeführt werden. Der Vorteil ist, daß der Winkel auch von Ungeübten leicht einzuhalten ist. Der Grund, warum in den „guten" – sprich teuren – Sets fünf oder noch mehr Körnungen des Schleifmittels angeboten werden, ist nicht klar. Eine richtig grobe und eine feine Körnung reichen völlig aus, wenn man mit der feinen Körnung in der Lage ist, die Werkzeugspuren der groben Körnung zu entfernen. Öl ist überflüssig, wie an anderer Stelle dargelegt. Wenn man die Theorie des Schleifens richtig verstanden hat, dann kann man mit diesen Geräten durchaus gute Schleifergebnisse erzielen. Natürlich dauert das wesentlich länger als mit einem Bandschleifer und einer Schwabbelscheibe. Dafür ist man von Strom unabhängig.

5.5.2 Crock-Sticks

Viele Firmen bieten inzwischen die sogenannten Crock-Sticks an. Dabei handelt es sich um Stäbe aus Keramik, die V-förmig in einer Halterung stecken. Das Messer wird einfach senkrecht mit der Schneide nach unten gehalten und wechselseitig an den Stäben gestrichen. Diese Hilfsmittel sollen sicherstellen, daß man immer den richtigen Winkel beibehält. Die Keramikstäbe sind zwar wesentlich härter als der Stahl, sie tragen auch einiges an Metall ab, aber nicht genug, um die Schneide dauerhaft wieder herzurichten. Wenn man sieht, was an Material auf einem normalen Schleifstein zurückbleibt, dann müßte unter den Crock-Sticks auch einiges an Material liegen. Aber das ist nicht der Fall. Wie in den vorherigen Kapiteln beschrieben, muß Material entfernt werden, um eine Klinge wieder herzurichten. Genau betrachtet wird bei den Crock-Sticks die Schneide an der dünnsten Stelle stark keilförmig geschliffen, und dabei immer dicker. Nach anfänglichen Erfolgen kommt man zu keinem befriedigenden Ergebnis mehr.

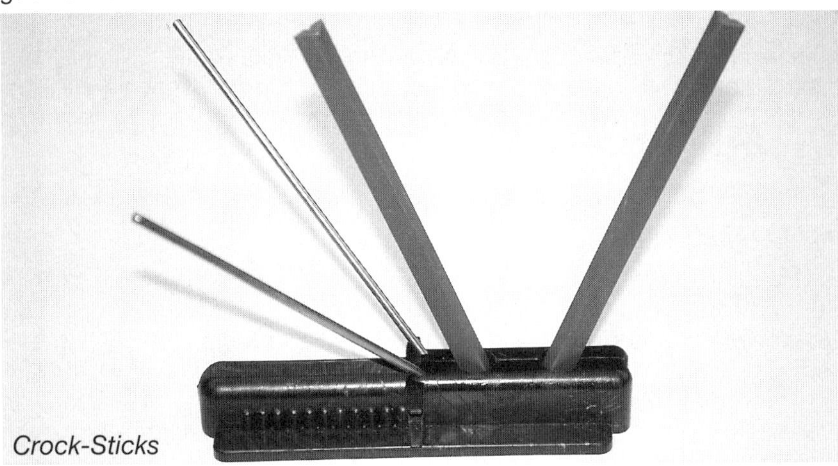

Crock-Sticks

5.5.3 Streichriemen

Der Streichriemen besteht aus Leder und wird zum Abziehen von Rasiermessern benutzt. Dabei wird das Messer mit dem Rücken nach vorne über den Streichriemen gezogen. Wenn dies ein Könner mit hoher Geschwindigkeit macht, sieht das furchteinflößend aus. Im Prinzip ist es aber das Gleiche wie die Schwabbelscheibe, da auch der Streichriemen mit

Polierpaste eingerieben ist. Für die Freunde der klassischen Messerrasur sei das Schleifen eines Rasiermessers kurz beschrieben.

Ein Rasiermesser ist hohlgeschliffen und wird auch ab und zu auf einem Schleifstein geschliffen. Dazu wird das Messer ganz flach auf den Stein gelegt, so daß sowohl die Schneide als auch der Rücken auf dem Stein zu liegen kommt. Beim nachfolgenden Schleifen wird der Rücken mitgeschliffen und er dient dabei als Lehre, um immer den richtigen Schleifwinkel einzuhalten. Im übrigen gilt das zum Schleifen der anderen Messer gesagte.

Streichriemen

5.5.4 Diamant-Schleifmittel

Seit Industriediamanten einigermaßen günstig zu verarbeiten sind, tauchen auch Diamantfeilen auf, um Messer zu schärfen. Das ist an sich keine schlechte Idee, sind diese Feilen doch in der Lage, schnell viel Material von der Messerklinge abzutragen. Wer sich mit einer Diamantfeile an seinem Messer versuchen möchte, der sollte daran denken, immer nur mit wenig Druck zu arbeiten. Bei zu hohem Druck fressen sich die Diamanten (Diamantstaub) in das Metall und werden aus der Trägerschicht der Feile gerissen. Die Feile wird dadurch unbrauchbar.

5.5.5 Sonstige Hilfsmittel

Wer sich bis hierher durch die Abhandlungen gelesen hat, wird sofort erkennen, daß die in vielen Versandhäusern angebotenen Hilfsmittel zum Messerschärfen nicht unbedingt geeignet sind. Da gibt es zum einen die „Messerschärfer", bei denen die Klingen durch zwei gekreuzte Hartmetallstäbe gezogen wird. Nicht nur, daß der Benutzer bei diesem Gerät eingeladen wird, sich die Knöchel aufzuschneiden. Das Gerät schabt tatsächlich Späne vom Messer ab. Durch den ungleichmäßigen Druck wird die

Schneide aber nach und nach immer welliger. Auch kann die Schärfe nicht überzeugen.

Auf Verbrauchermessen werden von sogenannten Propagandisten Waren angeboten, die auch zum Messerschärfen geeignet sein sollen. Dazu gehören Schleifscheiben, die in die Bohrmaschine gespannt werden. Andere Modelle besitzen einen Hartkeramikeinsatz, mit dem man an der Seite der Schneide entlangstreichen soll.

Bei den anderen angebotenen Geräten soll die Klinge an runden Keramikstäben oder diamantbeschichteten „Wetzstählen" aufgefrischt werden. Das einzige, was dabei erreicht wird ist, daß die Schneide aufgerauht wird. Der Benutzer hat dann das Gefühl, daß das Messer besser schneidet. In Wirklichkeit wird das Schnittgut „zersägt". Wenn ein Messer stumpf ist, dann muß viel Material abgetragen werden, dazu braucht man ein grobes Schleifmittel, daß viel Material entfernt. Danach muß die Schneide geglättet werden, dazu braucht man ein sehr feines Schleif- oder Poliermittel. Alles, was dazwischen liegt, ist Unfug!

6 Messer benutzen

6.1 Handhabung

Zur Handhabung eines Messers gibt es viel zu sagen. Auch hilft hier Übung und Erfahrung weiter. Das Wichtigste bei der Handhabung des Messers ist, daß man nicht sich oder andere schneidet. Dieses wiederum setzt voraus, daß man mit Konzentration bei der Sache ist und sich bei jeder Aktion vorher Gedanken über den Weg der Klinge macht. Was passiert, wenn die Klinge abrutscht; was passiert, wenn die Klinge den Gegenstand durchschnitten hat? Immer sollte der Weg der Klinge in einer sicheren Richtung enden und niemals in einem Körperteil. Das ist leichter gesagt als getan, auch ich habe mich schon oft geschnitten. Und meist wußte ich vorher, daß es passiert. Ein weiterer Sicherheitshinweis vorweg: Wenn ein Messer herunterfällt, niemals nachgreifen, sondern einen Schritt zurücktreten!

Bei der Jungjägerausbildung habe ich oft beobachtet, wie „Stadtkinder“ mit solch ungewohnten Gegenständen wie Messern hantieren. Es scheint einen Zusammenhang zu geben zwischen der Geschicklichkeit, die ein Erwachsener an den Tag legt, und den Erfahrungen, die er als Kind sammeln konnte. Wer als Kind mit Messern aufgewachsen ist, weil es auf einem Bauernhof einfach dazugehört, der kann als Erwachsener damit sicher umgehen. Für wen ein Messer zur Freizeitgestaltung nicht notwendig war – Gameboys funktionieren auch so – der wird sich als Erwachsener schwer tun, dieses Werkzeug sicher zu handhaben.

6.1.1 Auswahl des Messers

Welches Messer ist denn nun für den Ungeübten am einfachsten zu handhaben? Die Klingenlänge ist entscheidend für die Handlichkeit. Als Faustformel gilt, daß die Klinge so lang sein soll wie die Hand breit.

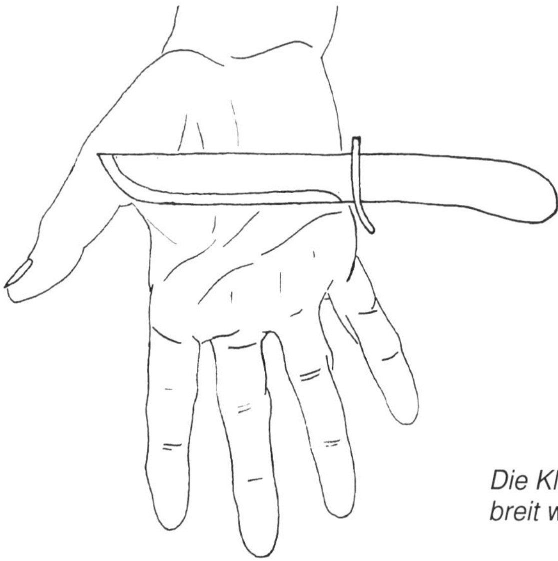

Die Klinge ist so breit wie die Hand

Eine andere Regel besagt, daß man das Messer normal am Griff fassen und den Zeigefinger ausgestreckt auf den Klingenrücken legen soll. Die Klinge soll dann, um handlich zu sein, so lang sein wie der Zeigefinger oder ein bis höchstens zwei Fingerbreit länger.

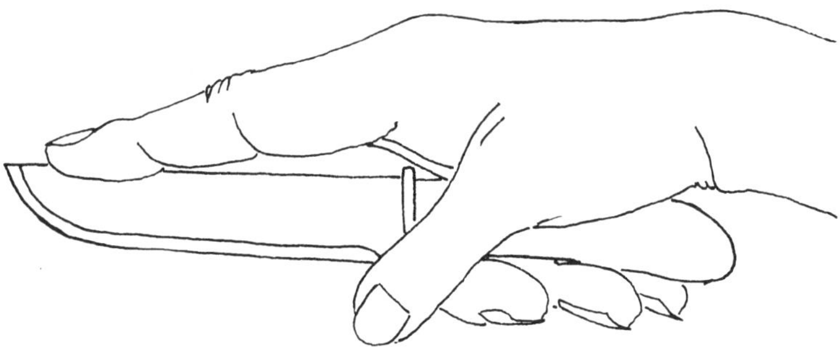

Die Klinge ist so lang wie der ausgestreckte Zeigefinger oder etwas länger

Grundsätzlich ist ein Messer umso schwerer zu handhaben, je länger die Klinge ist. Eine lange Klinge (mit Ausnahme der Filetiermesser) ist meist stärker und schwerer und somit den schweren, groben Arbeiten vorbehalten. Man neigt mit einer solchen Klinge eher dazu, zu hacken anstatt zu schneiden; die Klinge ist relativ stumpf geschliffen. Ein kürzeres Messer ist mit seiner relativ dünnen und schärfer geschliffenen Klinge handlicher und für feinere Arbeiten besser zu gebrauchen.

In diesem Zusammenhang möchte ich noch anmerken, daß fast alle Messer eine überdimensionierte Klingenrückenstärke haben. Schuld daran sind weniger die Hersteller, als die unerfahrenen Käufer, die den Hersteller dazu bringen, stabilere Klingen als notwendig anzubieten. Ansonsten wird er zu viele Reklamationen erhalten, weil Kunden die Klingen zerbrochen haben. Festzuhalten bleibt, daß eine kurze Klinge nicht so stark dimensioniert sein muß, da man mit einem kurzen Messer nicht sehr gut hebeln kann (abgesehen davon, daß man mit einem Messer ohnehin nicht hebeln sollte).

Man sollte sich für sein Messer immer nur die geeigneten Arbeiten aussuchen. Kein Mensch würde auf die Idee kommen, mit einer Säge einen Nagel in die Wand schlagen zu wollen; dafür ist ein Hammer vorgesehen. Bei Messern scheinen die meisten Leute nicht zu sehen, daß es sich dabei ausschließlich um ein Werkzeug handelt, mit dem man schneiden soll. Es ist kein Ersatz für Schraubendreher, Dosenöffner, Hammer, Zange, Spielzeug, Brecheisen, etc. Die Schweden benutzen ihr Messer jahrelang, bis es abgeschliffen und aufgebraucht ist. Einige Schwedenurlauber zerstören ihr neu erworbenes Schwedenmesser durch falsche Benutzung schon am ersten Tag. Es kommt daher darauf an, nur das von dem Messer zu verlangen, was es auch leisten kann, und wofür es gebaut ist.

Bei einer Wildnisreise ist es sinnvoll, für die unterschiedlichen anfallenden Arbeiten – grob und fein – zwei unterschiedliche Messer mit sich zu führen. Genau wie bei den Trappern vor hundert Jahren bietet es sich an, für die feinen Arbeiten ein kleines, scharfes Messer vorzusehen – auch Eßmesser genannt. Für die groben Arbeiten ist dann das große Messer zuständig, das aber auch durch die Axt ersetzt oder ergänzt werden kann. Dieses Konzept ist beim Weidbesteck oder dem doppelten Finnenmesser realisiert; auf der Scheide des großen Messers ist noch eine Scheide mit einem kleineren Messer angebracht. Die Aufteilung der Arbeiten ist auch notwendig, weil die Schneiden in einem unterschiedlichen Winkel geschliffen werden müssen: spitzer Winkel für das kleine, scharfe Messer und stumpfer Winkel oder sogar balliger Schliff für das große Messer.

6.1.2 Was ist Schneiden?

Hört sich einfach an, das Wort „schneiden“, aber es ist es wert, sich darüber mehr Gedanken zu machen. So unterschiedlich wie das Schnittgut ist auch die Art und Weise, wie es von der Klinge zerteilt wird. Lockeres

Weißbrot, Holz, Fleisch, Gemüse, Knochen und Knorpel, Leder, Seil, Papier, Haare etc. Alles hat andere Eigenschaften, man hat ein anderes Gefühl beim hineinschneiden. Einige Dinge weichen aus, andere kleben an den Seiten des Messers. Einige Dinge sind so hart, daß man sie frei gehalten schneiden kann, andere müssen erst auf einer Unterlage zusammengedrückt werden.

Schneiden ist die eigentliche Aufgabe der Messerklinge. Nicht Dosen öffnen, Schrauben anziehen, Draht kappen oder Kisten aufhebeln. Beim Schneiden an sich kann es nun einerseits vorkommen, daß der Gegenstand kleiner ist als die Klinge. Andererseits kann er wesentlich größer sein als die Messerklinge.

Bei der Messerklinge, die wesentlich länger ist als das zu zerschneidende Objekt – beispielsweise ein langes Brotmesser – ist die Schneide einen Großteil ihrer Länge gerade. Nach dem Durchschneiden trifft die Schneide flach auf ein Holzbrett.

Ist die Klinge wesentlich kürzer als das zu durchschneidende Objekt – beispielsweise ein kurzes Jagdmesser und eine große Wildkeule – muß man mehrmals schneiden. Nach dem ersten Schnitt, der das Objekt nicht völlig durchtrennen konnte, folgen weitere Schnitte, die den ersten vertiefen. Die beiden Seiten des Schnittes werden auseinandergehalten, damit das Messer tiefer eindringen kann.

6.1.3 Anfassen

Wie nimmt man denn nun ein Messer richtig in die Hand? Zuerst hat es sich bewährt, das Messer am Griff anzufassen. Der Griff wird vollständig in die Faust eingeschlossen. Den Zeigefinger lang auf den Klingenrücken zu legen macht nur dann Sinn, wenn man bei einem Stück Wild die Bauchdecke aufschneidet und dabei verhindern will, mit der Spitze in die Eingeweide zu stechen. Bei diesem speziellen Griff wird der Zeigefinger über die Spitze gelegt, damit diese abgedeckt ist. Bei den Arbeiten, bei denen man Kraft braucht, legt man den Daumen nicht auf den Klingenrükken, auch wenn viele Messer dort extra angerauht sind.

Oftmals bietet es sich an, bei feineren Arbeiten das Messer weit vor dem Handschutz mit Daumen und Zeigefinger zu fassen und nur mit der Messerspitze zu arbeiten. Dabei muß man selbstverständlich aufpassen, sich nicht an dem Rest der Klinge zu schneiden.

6.1.4 Schnitzen

Holz zu schneiden und zu schnitzen ist eine der häufigeren Arbeiten mit einem Messer. Holz ist ein Werkstoff, den man mit etwas Verständnis bearbeiten muß. Es gibt beim Holz verschiedene Richtungen, in die man schneiden kann. Die erste wäre quer zur Faser. Das ist die schwerste Aufgabe, da das Holz in dieser Richtung dem Schnitt am meisten Widerstand entgegensetzt. Daher sollte man versuchen, das Holz immer schräg zur Faser zu zerschneiden. Beim Schnitt längs zur Faser kann es vorkommen, daß der Schnitt verläuft und der Span weiterreißt.

Wenn bei der Jagd ein Ast den Blick vom Hochsitz versperrt, kommt das Messer zum Einsatz. Anstatt nun mit dem Messer auf dem Ast herumzuhacken, sollte man den Ast biegen und so unter Spannung setzen. Die Rundung kann nun auf der Außenseite leicht durchtrennt werden, und die zerschnittenen Fasern weichen immer aus dem Weg und klemmen nicht am Messer.

So wird ein Ast abgeschnitten: erst unter Spannung setzen und dann abschneiden.

Einen armdicken Baum kann man noch mit einem Messer abschneiden, wenn man den Baum vorher mehrfach hin- und herbiegt, um ihn „mürbe“ zu machen. Die Fasern leiden darunter, und der Zusammenhang wird aufgehoben, so daß hinterher das Messer leichter durch die Fasern schneiden kann. Der Baum wird dann entweder mit der linken Hand heruntergebogen oder unter die Achsel geklemmt. Die freie Hand schneidet mit dem Messer auf der Oberseite der Biegung. Durch das Herunterdrükken weichen die Holzfasern aus dem Weg und das Messer kann nicht festklemmen.

Sollte der Baum doch etwas zu fest sein, kann man versuchen, beim Schneiden und Drücken das Messer auf- und ab zu bewegen. Sollte das auch nicht helfen, kann man das Messer mit einem Holzstück (niemals mit einem Stein oder Metall!) und Schlägen auf den Messerrücken durch das Holz zu treiben.

Mit einem Messer und einem Schlägel aus trockenem Holz kann man frisches Holz erstaunlich gut schneiden.

Bei dünneren Stöcken möchte man oftmals ein relativ gerades Ende haben. Um das zu erreichen, sollte man den Stab mit vielen kleinen Schnitten rundherum bearbeiten. Ist der Stab dann nur noch halb so dick wie vorher, kann man ihn meist brechen.

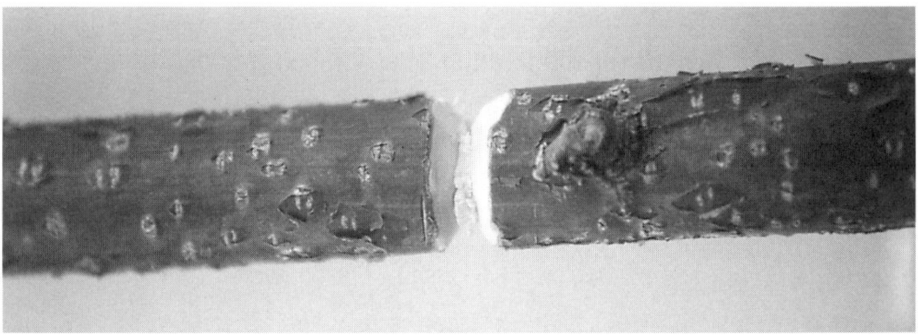

Ein dünner Stab wird rundum eingekerbt und durchbrochen

Um den Stab dann beispielsweise zu einem Spazierstock zu verarbeiten, muß man die Seitenäste entfernen. Dazu schneidet man immer von unten nach oben, weil so die Äste nicht ausreißen, sondern sich leicht abtrennen lassen und eine glatte Schnittfläche ergeben.

Die Seitenäste an einem Stab werden von unten nach oben abgeschnitten

Im Wald findet man als universelles Baumaterial Haselnußsträucher, die in der Mitte lange, meist kerzengerade Schößlinge besitzen. Aus diesen kann man diverse Dinge bauen, wenn man weiß, wie das Holz mit dem Messer zu bearbeiten ist. Als erstes muß man die Stangen abschneiden, das wurde bereits oben ausführlich dargestellt. In die Enden kann man Löcher schnitzen. Dazu wird die Stange an der vorgesehenen Stelle ausgedünnt, indem man zwei parallele Flächen schnitzt. Dann wird die Messerspitze quer zur Faser tief in das Holz gestochen, der Rücken begrenzt den Stich zur Seite. Dann wird das Messer herausgezogen und gedreht, um den Stich von der anderen Seite aus fortzuführen. Dann folgt ein weiterer Stich parallel zum ersten, ebenfalls mit dem Messer einmal von jeder Seite geführt.

Danach kann das Holz dazwischen mit der Messerspitze entfernt werden. Die ganze Prozedur wiederholt man auf der anderen Seite des Stabes, und man versucht dabei natürlich, das erste Loch zu treffen. Gelingt das, erhält man ein quadratisches Loch, das man mit einigen Schnitten begradigt. Dies ist die einzig praktikable Möglichkeit, einen runden Stab mit dem Messer zu lochen. Jeglicher Versuch mit der Messerspitze zu bohren endet nur in einem ausgefransten Krater.

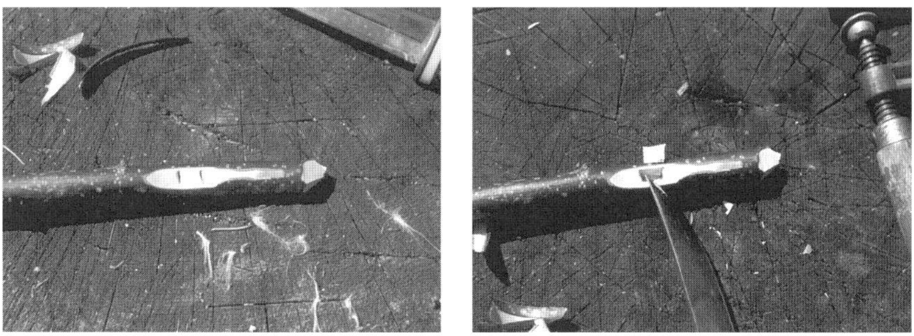

Um einen Ast zu lochen, wird das Messer erst quer zur Faser eingestochen, dann wird das Holz dazwischen entfernt.

Für Schneeschuhe beispielsweise muß man Hölzer miteinander verbinden. Dabei helfen die eben geschilderten Löcher. Formt man sie etwas länglicher, kann man angespitzte Stäbe in diese hineinstecken und relativ stabil verbinden. Dabei muß man darauf achten, daß der Preßsitz dadurch erreicht wird, daß die eingeführten Hölzer „höher" werden und nicht „dicker", weil sonst das gelochte Holz entlang der Faser reißt.

Sollen zwei Hölzer gleicher Stärke kreuzweise verbunden werden, dann ist es gut, die beiden Stöcke vorher mit Kerben zu versehen, die geschickt ineinandergreifen. Dazu werden die Stöcke kreuzweise eingeschnitten und die beiden „Dreiecke“ mit der Messerspitze entfernt. Dann können die beiden Stöcke übereinandergelegt werden, die Kerben greifen ineinander, und die Stöcke werden mit Bindfaden gesichert.

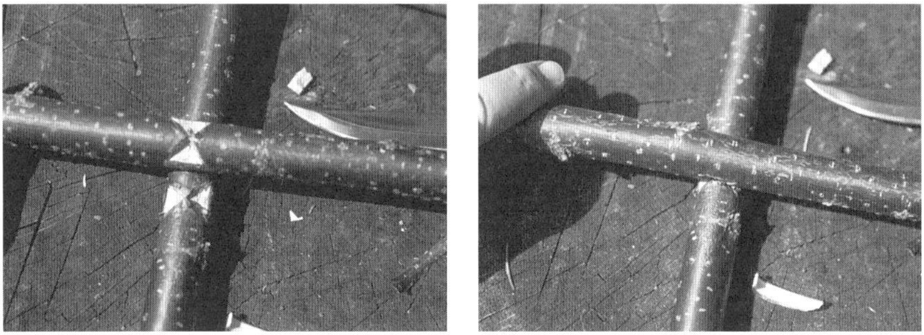

Verbinden von Holz: erst kreuzweise einschneiden, die Dreiecke entfernen, und dann das Holz zusammenstecken

6.2 Pflegen

6.2.1 Reinigung

Auch das Thema Reinigung der Messer soll hier nicht ausgeklammert werden. Nach der alten Regel „Ei, Blut, Kakao: immer mit kaltem Wasser“ werden verschmutzte Messer immer erst in kaltem Wasser eingeweicht. Diesem Wasser darf man kein Reinigungsmittel zusetzen, weil dadurch das Eiweiß denaturiert wird und nur noch sehr schlecht zu entfernen ist. Die Messer mit angegossenem Kunststoffgriff sind am leichtesten zu pflegen: sie wandern in die Spülmaschine.

Kritisch an Messern sind die Stellen zwischen Klinge und Griffschale, wenn diese nicht verklebt, sondern nur vernietet sind. Dazwischen zieht sich Schmutz, Blut und Feuchtigkeit, und je enger der Schlitz, desto besser funktioniert dies durch die Kapillarkräfte. Das salzige Blut kann dort den Stahl zersetzen. Wem schon einmal die Griffschalen von einem alten Messer aus nicht-rostfreiem Stahl abgefallen sind, weiß, was ich meine.

Angelaufene Klingen aus nicht-rostfreiem Stahl (besonders die aus Dreilagenstahl) werden mit einem Weinkorken poliert, auf den man etwas Chrompolitur (eigentlich für das Auto) streicht.

Die Teile aus Buntmetall poliert man mit einem Lappen und ganz normaler Chrompolitur, wenn sie angelaufen sind. An der Schwabbelscheibe werden die Kanten zu leicht abgerundet oder durch anhaftenden Schmutz Riefen erzeugt.

Die meiste Pflege benötigen Taschenmesser. Je mehr Schikanen angebaut sind, desto größer ist der Pflegeaufwand. Kritische Punkte an einem Taschenmesser sind die Nieten, um die sich Federn und Klingen drehen. Die Innenseite des Griffes zwischen den Erlen wird mit Wattestäbchen oder Pfeifenreinigern gesäubert. Bei Bedarf werden die Federn und Scharniere leicht mit einem nicht harzenden Öl geschützt. Ab besten ist dabei Trompetenöl, da es das Messing der Platinen nicht angreift. Wenn das Messer eine Grundreinigung nötig hat – nach dem Aufbrechen von einigen Stücken Wild – wird es erst in kaltem Wasser eingeweicht. Danach wird das gute Stück mit einer Nagelbürste geschrubbt, bis aller Schmutz entfernt ist. Dabei kann durchaus etwas Spülmittel eingesetzt werden. Im letzten Schritt wird das Messer mit extra heißem Wasser abgespült – so heiß, wie es aus der Leitung kommt. Dabei soll das Messer die Temperatur vom Wasser annehmen. Danach wird das Messer nur grob abgeschüttelt und durch die gespeicherte Wärme verdampft das Wasser ganz von selbst – auch in den kleinsten Ritzen. Im Anschluß ölt man die beweglichen Teile leicht ein, weil das heiße Wasser mit dem Spülmittel das Öl und Fett entfernt hat. Besondere Aufmerksamkeit sollte man den Federn schenken. Sie sind häufig aus rostträgem oder nicht rostfreiem Stahl gefertigt, da dieser Federstahl die besseren Biege-Eigenschaften besitzt.

In vielen Fachbeiträgen hält sich hartnäckig die Anweisung, hochwertige Klingen mit Nelkenöl einzureiben. Warum es unbedingt Nelkenöl sein muß, konnte mir bisher noch niemand erklären. Vermutlich handelt es sich dabei um eine moderne Wandersage. Die japanischen Schwerter werden mit Nelkenöl gegen Rost geschützt, aber sie bestehen aus einfachem Kohlenstoffstahl ohne rostschützenden Chromanteil. Für rostfreie Stähle ist und bleibt es völlig ausreichend, wenn die Messer außerhalb der Scheide trocken aufbewahrt werden. Für rostträge Stähle (D2) ist es ebenfalls völlig ausreichend, wenn sie trocken außerhalb der Lederscheide aufbewahrt werden. Die nicht rostfreien Stähle werden je nach Oberflächenbeschaffenheit mit einem mit Waffenöl benetzten Papiertaschentuch (wenn sie poliert sind) oder mit weißer Vaseline (wenn sie rauh sind wie Äxte oder Mensurklingen) abgerieben. Der Schutz durch den Vaselineauftrag kann dadurch erhöht werden, daß die Klinge in Ölpapier eingewickelt wird. Messer sollten nur in Ausnahmefällen in den Lederscheiden aufbewahrt werden, da sich die im Leder verbliebenen Gerbsäuren mit der Feuchtigkeit im Leder und aus der Luft verbinden. Sie greifen dann die Messerklingen und noch eher die Teile aus Buntmetall an.

Aus den Messerscheiden entfernt man zuerst die Fusseln. Bei einigen Messerscheiden ist dafür extra ein Loch in dem unteren Teil der Scheide vorgesehen. Die Lederscheiden werden mit einem Lappen und Lederseife gereinigt, die in jedem Reitsportladen zu kaufen ist. Auf keinen Fall darf das Leder mit feuchtem Eisenrost in Berührung kommen, weil sich dadurch schwarze Flecken bilden, die aus Tinte (Eisengallustinte) bestehen und nicht mehr zu entfernen sind. Ist die Scheide sauber und trocken, kann sie mit wenig Leder- oder Sattelfett eingerieben werden. Beim Einfetten sollte man immer daran denken, das Leder nicht „butterweich" zu machen. Um den Träger vor der Messerklinge schützen zu können, muß die Scheide fest genug sein. Also wird nur die Narbenseite des Leders etwas aufgefrischt und nicht die ganze Scheide mit Lederöl getränkt. Sollten Nähte durchgescheuert sein, sollte sofort nachgenäht werden.

Holzgriffe werden gepflegt, indem man ihnen ab und zu etwas Möbelpolitur oder Schaftöl gönnt. Leider schwinden Holzgriffe, wenn sie zu sehr austrocknen. Das hält sich aber bei den zumeist verwendeten stark ölhaltigen tropischen Hölzern in Grenzen. Ausgeblichene Hirschhorngriffe erhalten ihre schöne braune Farbe zurück, wenn man Kaliumpermanganat ($KMnO_4$ aus der Apotheke) in Wasser löst und sie damit einpinselt. Die violette Lösung wird an der Luft braun, Flecken davon entfernt man mit Zitronensäure.

Elfenbein und Knochen bekommt eine ständige Benutzung besser als das Herumliegen in der Schublade. Gerade Elfenbein reißt, wenn es in der trockenen Luft einer zentralbeheizten Wohnung austrocknet. Etwas Vaseline oder Melkfett auf die Hand und den Griff damit einreiben – das ist genau die richtige Pflege. Wenn solch ein Messer oft benutzt wird, dann erhält es genug Fett und Feuchtigkeit von der Hand, um nicht zu schwinden oder zu reißen.

6.2.2 Reparatur

An vielen Taschenmesserscheiden leiern mit der Zeit die Druckknöpfe aus. Diese kann man durch handelsübliche Druckknöpfe ersetzen. Der Baumarkt hält diverse Modelle in SB-Packs bereit. Der alte Druckknopf wird an der Innenseiten dadurch gelockert, daß man mit einem Bohrer die Vernietung wegschneidet. Der Rest ist auf der Verpackung der Knöpfe erklärt. Sollte das Messer in der Scheide mit dem Druckknopf in Berührung kommen können, wird ein Stück Leder über das Metall geklebt.

Häufig bereiten die Gürtelschlaufen von Messerscheiden Probleme. Entweder sind sie für einen echten Männergürtel zu knapp bemessen, oder sie fallen ab, nachdem der Faden durchgescheuert ist. Wenn in beiden Fällen eine neue Schlaufe angenäht werden soll, so muß man unbedingt darauf achten, daß der obere Teil umgeschlagen wird und der Gürtel bei der angehängten Scheide dabei nicht auf der Naht liegt.

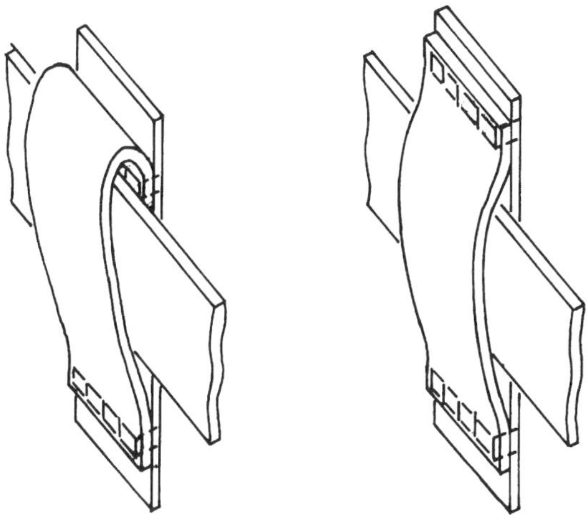

Gute und schlechte Gürtelschlaufe an einer Messerscheide

6.2.3 Herrichten von alten und beschädigten Messern

Jeder muß selbst entscheiden, ob sich die Mühe lohnt, ein altes, „abgeranztes" Messer wieder flott zu machen. Meist wird es ein Messer sein, an dem viele Erinnerungen hängen.

Befassen wir uns zunächst mit der einfachsten Art der Beschädigung: Das Messer hat eine Scharte in der Schneide. Um diese zu entfernen, wird die Schneide bis auf den Grund der Scharte heruntergeschliffen, auch wenn die Schneide dann unter Umständen sehr breit ist.

Bevor man die Schneide wieder richtig schärfen kann, muß die Scharte völlig verschwunden sein. Dabei kann es notwendig werden, der Klinge eine leicht veränderte Form zu geben oder – wenn sich die Scharte weit hinten befindet – den vorderen Teil der Klinge mit herunterzuschleifen.

Dann wird die Klinge wieder angeschliffen. Dabei sollte man genau darauf achten, daß man nicht, wie sonst immer, so lange von einer Seite schleift, bis sich ein Grat aufwirft. Die Schneide wird von der einen Seite bis zur Mitte geschliffen, und dann von der anderen Seite bis zur Mitte. Erst dann kümmern man sich um den Grat. Ansonsten steht die Schneide nachher zu einer Seite. Eine Politur der Schneide an der Schwabbelscheibe beendet die Arbeit.

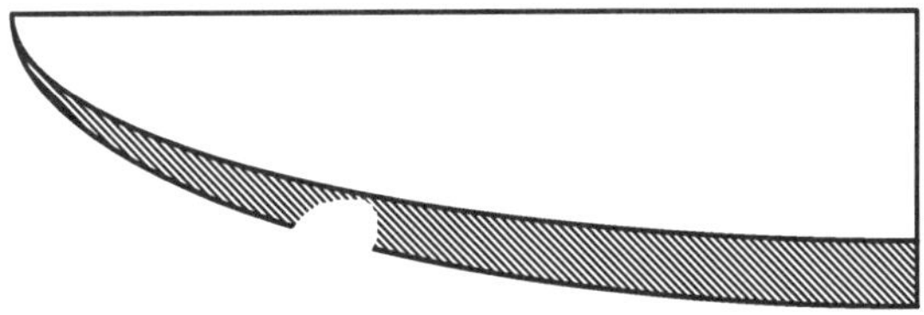

Die Scharte wird erst bis auf den Grund herausgeschliffen. Dazu den schraffierten Teil entfernen

Auf ähnliche Art und Weise wird eine abgebrochene Spitze wieder hergerichtet. Mit dem Bandschleifer schleifen man senkrecht zur Klinge und gibt dem Messer eine neue Außenform. Danach schleift man die Spitze auf die Mitte der Schneide zu und schärft sie dabei. Die Politur ist auch hier der Abschluß der Arbeit.

Kratzer und Scharten auf der Seite des Messers entstehen typischerweise beim Versuch, das Messer mit einem Winkelschleifer zu schärfen. Sie sind meist sehr tief und lassen sich nicht entfernen. Die einzige Hilfe ist, die Klinge ausgiebig an der Schwabbelscheibe zu polieren, und zwar immer in Richtung der Scharten. Die Scharten werden so an den tieferliegenden Stellen poliert und dadurch „unsichtbar". Ein Auswetzen ist bei einem gehärteten Messer nicht oder nur schwer möglich.

Vergleichbare Werkzeugspuren werden bei der Herstellung am ungehärteten Messer dadurch entfernt, daß der Hersteller immer feinere Korngrößen nimmt und die Fläche glättet. Das ist schon bei der Bearbeitung des ungehärteten Materials ein großer Aufwand. An der gehärteten Klinge ist es fast nicht durchzuführen. Die einzige Möglichkeit dazu besteht bei Äxten, die nicht so hart sind wie Messer. Sie werden am Bandschleifer immer quer zu den vorherigen Werkzeugspuren überschliffen, bis die Oberfläche zufriedenstellend geglättet ist. Dabei sollte man daran denken, daß eine polierte Axtklinge weniger Energie im Holz durch Reibung verliert und somit tiefer eindringt. Ein Messer hingegen schneidet mit Kratzern auf der Seite nicht schlechter.

Gebogene bzw. verzogene Klingen stellen besondere Ansprüche bei der Reparatur. Zuerst einmal zeugen sie jedoch davon, daß der Benutzer keine Ahnung hat, denn man benutzt ein Messer niemals als Hebel.

Stähle reagieren völlig unterschiedlich darauf, wieder zurückgebogen zu werden. Einige lassen sich einfach zurückbiegen, andere nur schwer, einige überhaupt nicht, und einige brechen. Leider sieht man das dem Messer nicht an, und man kann es nur ausprobieren. Gehört einem das Messer nicht, sollte man den Besitzer vorher fragen, ob er sich nicht mit einem krummen Messer anfreunden kann. Lieber ein Messer mit krummer Klinge als eines mit abgebrochener.

Viele industriell hergestellte Messer kommen nach dem Härten mit einer leichten Krümmung aus dem Ofen und werden einfach weiterverarbeitet und verkauft. Dies ist eigentlich kein Problem, wenn man weiß, wie man diese Klingen schärfen kann. Möchte man trotzdem versuchen es zu richten, so spannt man das Messer mit Alu-Schutzbacken in den Schraubstock und biegt es in die Gegenrichtung. Entweder wird es gerade, oder es bleibt krumm, oder es bricht ab.

Eine andere Möglichkeit ist, die Klinge auf einen Amboß zu legen und mit der Finne des Hammers die kurze Seite der Klinge durch viele leichte Schläge so zu strecken, daß die Klinge wieder gerade wird. Beide Möglichkeiten sind natürlich Gift für das innere Gefüge des Metalls und ermüden die Struktur. Gerade bei wiederholtem Biegen im Schraubstock kann die Klinge ganz unerwartet zerspringen. Man sollte daher vorsorglich Handschuhe tragen und um die Gegend um die Pulsadern herum besorgt sein. Es ist schnell passiert, daß man die Klinge am Griff von sich weg biegt, die Klinge bricht und man sich die Arme an dem Klingenrest im Schraubstock aufreißt.

Weitere häufige Beschädigungen sind die an den Griffschalen. Da es genau dieselbe Arbeit ist, eine Griffschale an eine neue Klinge zu bauen, sollte man sich überlegen, ob die alte Klinge den Aufwand lohnt. Vor der Arbeit am Griff umwickelt man die Klinge mit Klebeband, damit man sich nicht versehentlich schneidet oder die Klinge verkratzt. Bei der einfachsten Möglichkeit hat sich die Griffschale gelöst und die Stifte sind locker. Die Stifte werden entfernt, die Griffschalen abgenommen und die Teile des Messers gesäubert. An der Innenseite der Griffschalen werden mit Hilfe eines kleinen Messers die Nietlöcher angesenkt. Dies hat den Zweck, daß beim Eintreiben der Niete evtl. abgeschertes Material und Klebstoff dort Platz findet und nicht die Griffschale anhebt. Die Griffschalen und die Niete werden dann zur Probe montiert.

Wenn alles paßt, werden die Teile entfettet. Mit Zwei-Komponenten-Kleber (z.B. UHU Endfest 300) werden alle Kontaktflächen dünn bestrichen und das Messer zusammengesetzt. Die Niete werden eingesteckt (sie verhindern nur ein Abscheren der Griffschalen) und das Ganze mit

Leimklammern fixiert. Falsch wäre es, die Griffschalen mit mehreren Schraubzwingen kraftvoll zusammenzuklemmen. Die Griffschalen verbiegen sich unnatürlich und der Kleber fixiert sie dann in dieser Stellung. Nach dem Lösen der Schraubzwingen steht der Griff unter Spannung, weil die Griffschalen die alte Form wieder annehmen wollen. Die überstehenden Niete werden mit einer Zange gekürzt und mit dem Bandschleifer plangeschliffen. Klebstoffreste können mit einem Messer abgeschabt werden.

Bei einem Taschenmesser, bei dem zwei Klingen auf derselben Feder liegen, darf man niemals beide Klingen gleichzeitig nur halb öffnen, also im rechten Winkel. Die Feder wird so maximal beansprucht und kann brechen. Ist das aber dennoch geschehen, dann kann dieses Messer nicht mehr vom Laien repariert werden, am besten ist es dann in der Fabrik beim Hersteller aufgehoben. Eine Reparatur wird sich jedoch nur bei einem sehr hochwertigen Messer lohnen.

7 Die Axt

Früher war das Wissen um die Axt noch weiter verbreitet, da die Holzhauer sowohl Axt und Säge benutzten. Heute hat die Motorsäge nicht nur die Axt in vielen Teilen der Arbeit verdrängt, auch das Wissen um dieses Werkzeug ist damit verschwunden. Als Faustformel gilt, daß bei einem Stamm- oder Astdurchmesser unter 6 cm die Axt einer Handsäge überlegen ist. Über 6 cm Durchmesser hat man den Stamm schneller und kräftesparender durchgesägt als durchgehauen. Die Motorsäge ist in der Lage, auch die dünnen Äste ohne große Kraftanstrengung zu zerschneiden. Sie hat somit die Axt und die Handsäge im Forst zusammen verdrängt.

7.1 Nomenklatur

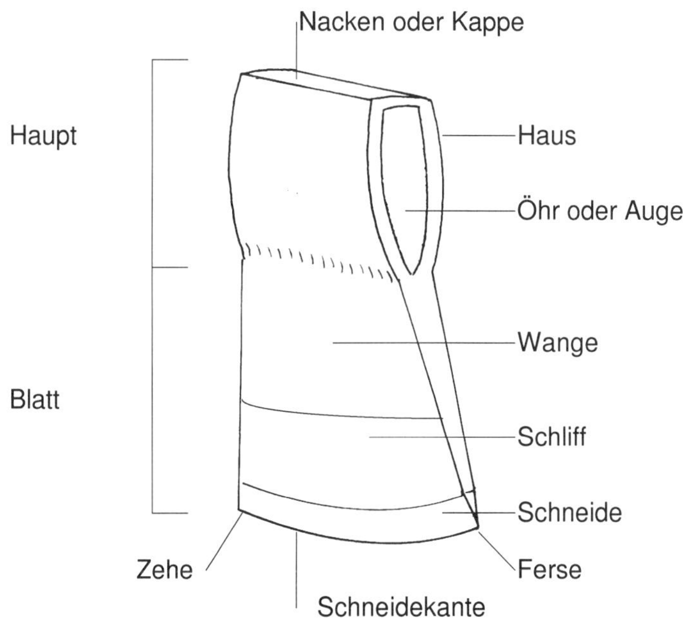

Die Teile einer Axt

Sehr unklar sind die Bezeichnungen „Axt“ und „Beil“, die oft synonym verwendet werden. Eine Axt hat immer einen langen Stiel, und ein Beil immer einen kurzen.

Axt: Ein Werkzeug mit einem relativ langen Stiel, der mit zwei Händen gefaßt wird.

Auge: siehe Öhr.

Axtschärflehre: Eine Axtschärflehre wird verwendet, um den Ballenverlauf und die Schneidengeometrie zu überprüfen. Sie hat außen den Schneidenverlauf dargestellt und auf den entsprechenden Stellen Einschnitte für den Ballenverlauf.

Ballig: die Schneide einer Axt ist immer ballig, also mit einem Radius geschliffen. Der Grund ist der, daß die Schneide dadurch erstens haltbarer, weil dicker wird und zweitens nicht im Schnitt klemmt, da die Auflage- oder Klemmfläche immer nur ein Punkt ist und nie eine Fläche.

Beil: Ein Werkzeug mit einem relativ kurzen Stiel, der mit einer Hand gefaßt wird, auch Hacke genannt.

Blatt: Der eigentliche Teil der Axt, der die Schneide trägt, im Gegensatz zum Haupt. Besonders wichtig ist die Geometrie des Blattes. Der höchste Punkt sollte im hinteren oberen Drittel liegen, nur dann hat die Axt im Holz immer nur einen Punkt als Auflage und somit als Klemmfläche. Die Axt fördert dann den Span besser und läßt sich leichter aus dem Schnitt ziehen, falls sie sich verklemmen sollte. Fast unbrauchbar für tiefe Schnitte in Holz sind Blätter mit parallelen Seiten. Anders ist das bei Äxten für Fleischer, hier können die Flanken parallel sein, da das Blatt nicht klemmen kann.

Eisen: Die Axtklinge an sich, im Gegensatz zum Stiel, der aus Holz gefertigt ist.

Ferse: Die Ecke der Schneide, die dem Stiel zugewandt ist.

Gleitstück: Das Mittelstück des Axtstieles, an dem die Führhand beim Hieb auf- und niedergleitet.

Hang: der Winkel zwischen Schneide und Stiel. Der Hang sollte immer so gewählt werden, daß die Schneide mit der Ferse näher am Stiel ist als mit der Zehe, nur dann schneidet die Axt beim Eintauchen in das Holz. Außerdem trifft man mit einem solchen Hang leichter.

Iltisaxt: Eine Axt, deren Seiten parallel zugeschliffen sind. Beim Nachschleifen entfällt das Ausdünnen des Blattes. Dafür klemmt die Axt leichter im Schnitt. Besonders gut zum Ausasten geeignet.

Keil: Holz- oder Metallkeil, der in den Stiel getrieben wird, um das Eisen am Platz zu halten. Im Baumarkt für wenig Geld zu haben, lassen Sie sich aber auch einfach aus einer Bohle selber anfertigen. Der Keil verhindert, daß das Eisen vom Stiel rutscht. Dazu treibt er das Holz des Stieles zur Seite, der Stiel wird dadurch „dicker" als das Auge der Axt und das Eisen kann nicht mehr vom Stiel rutschen. Viele Menschen glauben allein durch die Pressung in einem zylindrischen Öhr den sicheren Sitz erzielen zu können, aber das ist schlecht möglich. Auch eingeschlagene Nägel verhindern das Abrutschen nicht. Der Holzkeil, der den Stiel spreizt, wird durch einen quer dazu eingeschlagenen Metallkeil gesichert. Dieser Metallkeil hat unten zwei oder drei „Füße", die unterschiedlich schräg zugeschliffen sind und im Holz auseinanderweichen und Holzkeil und Stiel miteinander verbinden.

Kappe: Auch Nacken genannt. Die Rückseite der Axt, die auch zum „Hämmern" gebraucht werden kann.

Knauf: Der hintere Abschluß des Stiels. Der Knauf sorgt dafür, daß die Hand sicherer greifen kann. Die Form des Knaufes ist aber auch darauf abgestimmt, beim Einstielen der Axt als Schlagfläche zu dienen. Dafür ist er am unteren Ende flach abgesägt.

Kuhfußstiel: ein zweifach geschwungener Stiel, der zusammen mit der Stellung der Axt zum Stiel dafür sorgt, daß die Axt beim Auftreffen nach hinten und unten durch das Holz gezogen wird und dabei schneidet. Die Wirkung der Axt wird dadurch verbessert und die Schneidleistung sowie die Spanförderung erhöht. Der Stiel besteht aus dem Öhrstück, dem Gleitstück und dem Handstück mit Knauf. Das Öhrstück nimmt das Eisen auf. Das Gleitstück dient dazu, daß die führende Hand auf ihr hin- und hergleiten kann. Das Handstück wird von der haltenden Hand umfaßt. Der Knauf verhindert, daß die haltende Hand nach hinten abrutscht oder daß die Axt von der Zentrifugalkraft gezogen nach vorne aus der Hand rutscht.

Nacken: Die Schlagfläche auf der Seite, die der Schneide entgegengesetzt ist. Der Nacken ist – anders als beim Hammer – nicht gehärtet, und daher sollte man damit auch nur Holz oder Aluminiumkeile eintreiben.

Haupt: Der Teil der Axt, der Nacken und Haus umfaßt, im Gegensatz zum Blatt.

Haus: Der Metallteil der Axt, der das Öhr umschließt.

Öhr: Der Teil im Haus der Axt, der den Stiel aufnimmt. Bei den europäischen und den amerikanischen Axtformen gibt es zwei grundsätzliche Unterschiede: die amerikanischen Öhre sind oval, die europäischen im weitesten Sinne dreieckig.

Schliff: Der geschliffene Teil des Blattes, der relativ glatt ist, um im Holz wenig Energie durch Reibung zu verlieren.

Schneide: Der geschärfte Teil der Axt. Die Schneide sollte etwa 12 cm lang sein, eine Axt über 15 cm Schneidenlänge ist nicht gut zu benutzen. Bei einer runden Schneide sollte die Rundung nicht weiter als 1 cm über der gedachten Verbindungslinie zwischen Zehe und Ferse gehen.

Schneidekante: Der spitze Teil der Schneide.

Spaltaxt/Spalthammer: Ein Spezialwerkzeug zum Holz spalten. Der Stiel ist etwa 80 - 100 cm lang, der Kopf wiegt 3 kg und die Schneide ist extrem keilförmig ausgeführt. Bei genauem Arbeiten ist der Holzhauer in der Lage, ein Stammstück auf dem Boden mit einem Schlag zu spalten. Ansonsten wir der Spalthammer benutzt, um Keile einzutreiben.

Stiel: Der Griff einer Axt oder eines Beiles.

Stielformen: Die Stiele können gerade sein oder ein- oder zweifach geschwungen. Die geraden Stiele finden man bei den Spalthämmern, Spaltäxten und den Hacken. Die einmal geschwungenen Stiele sind heute nicht mehr in Gebrauch, nur noch vereinzelt bei Dechseln. Der zweifach geschwungene Stiel wird auch als Kuhfußstiel bezeichnet und ist bei Äxten der am meisten verbreitete.

Wange: Die Seiten der Klinge.

Zehe: Die vordere Ecke der Schneide.

7.2 Die Entwicklung der Axt

Aus der Universalaxt entwickelte sich das Werkzeug einmal in Richtung Spaltwerkzeug (Spaltaxt, Spalthammer), und einmal in Richtung Schneidwerkzeug. Das ist der Weg über die Kerbaxt, der einerseits zu der Fällaxt führte, mit der man in einem Baum mit vielen Schlägen eine Kerbe schlägt. Dazu benötigt man eine Schneide, die relativ kurz ist, und die dabei ein langes Blatt besitzt, um tief in den Kerb hineinzulangen. Die andere Axtarbeit beim Fällen ist das Ausasten des liegenden Baumes. Dabei werden dünne Äste abgeschlagen, die meist mit einem Schlag durchtrennt werden können, aber schlecht zu treffen sind. Demzufolge benötigt ein Ästungsbeil eine lange Schneide, das Blatt muß aber nicht so lang sein.

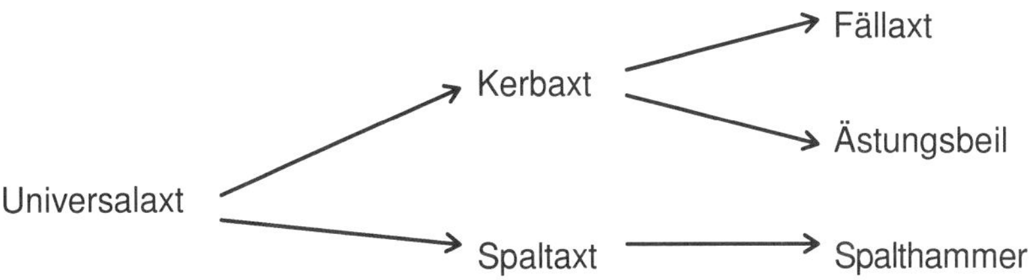

Die Entwicklung und Spezialisierung der Äxte

7.3 Die Herstellung einer Axt

Moderne Äxte werden in einer Fabrik im Gesenk geschmiedet. Ein glühendes Stück Stahl erhält zwischen zwei Formen unter großem Druck die Außenform der Axt. Früher wurden die Äxte von Schmieden in Handarbeit hergestellt. Dazu muß man wissen, daß Eisen an sich schon rar und teuer war, Stahl war noch knapper. Aus diesem Grunde wurde der überwiegende Teil der Axt aus weichem Eisen hergestellt. Die Schneide wurde entweder „vorgeschuht", also mit einem Stahlblech ummantelt, oder in die Schneide wurde ein Stahlstück eingesetzt.

Deutlich sieht man den Übergang vom weichen Eisen zum angeschweißten Stahl

Bei alten Äxten sieht man diese Übergänge zwischen Stahl und Eisen oft deutlich. In der „guten alten Zeit“ war es auch durchaus üblich, die Axt wieder „Aufstählen“ zu lassen, wenn der stählerne Teil der Klinge abgenutzt war.

Eine Axt kann man auf verschiedene Arten von Hand schmieden. Eine Möglichkeit ist, die Axt aus einem Stück Flacheisen auszuschmieden und dann, mit einem Stück Stahl zwischen den beiden Enden, um das Auge zusammenzuklappen. Eine andere Möglichkeit ist, aus einem Stück Flacheisen eine Axt dadurch zu fertigen, daß ein Ende rund gebogen wird, um das Auge zu formen. Die dritte Möglichkeit ist, einen Stab in der Mitte zu lochen und über einen Dorn zu schlagen, um das Auge zu formen. Die Schneide wird gespalten und ein Stahlstück eingesetzt.

7.4 Qualitätskriterien

7.4.1 Wie sollte eine gute Axt aussehen?

Es gibt einige Faustregeln, die sich bei einer Axt bewährt haben. So beispielsweise das Verhältnis von Stiel zu Eisen und die Art und Weise, wie das Eisen auf dem Stiel sitzen muß.

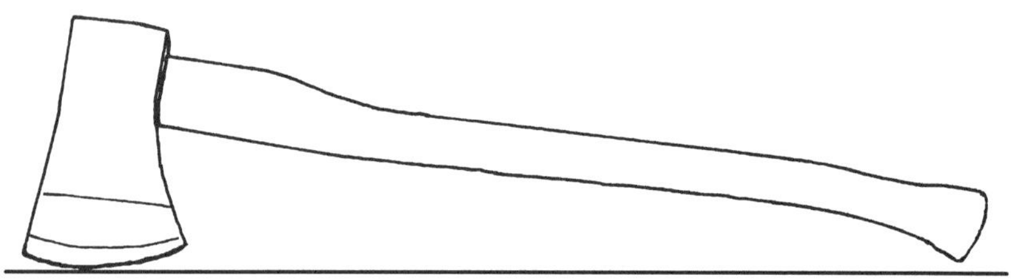

Das Verhältnis von Hang zu Stiel: die Schneide liegt in dem vorderen Drittel auf

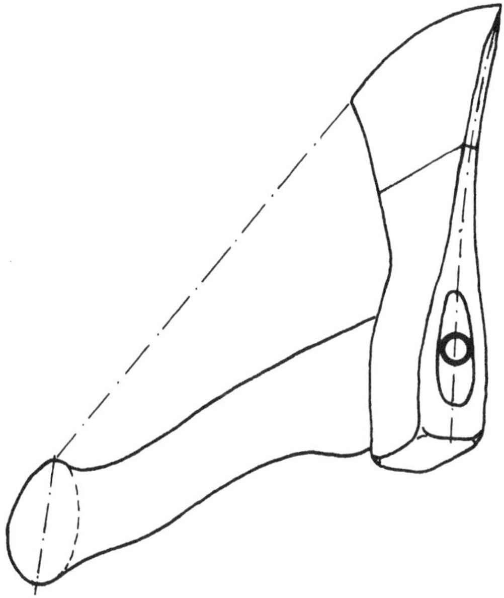

So muß das Eisen auf dem Stiel sitzen: die Schneide fluchtet zum Knauf

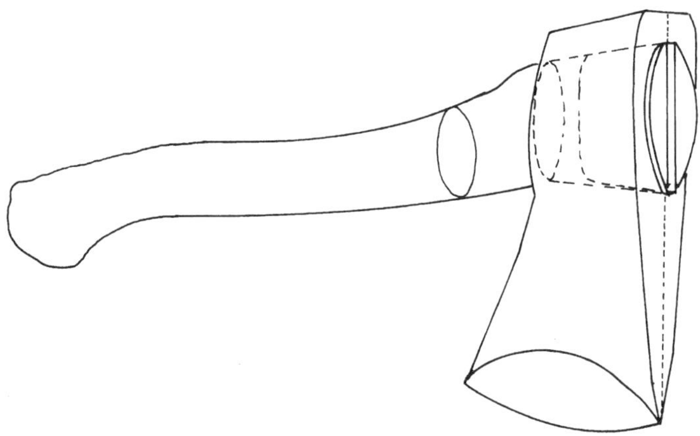

Das Auge ist im oberen Teil größer, der Keil geht etwa zu zwei Drittel der Höhe des Eisens in den Stiel

7.4.2 Auswahl der richtigen Axt

In alten Trapperhandbüchern werden der Auswahl der richtigen Axt ganze Kapitel gewidmet – ein Zeichen für die überragende Bedeutung, die der Axt bei der Ausrüstung des Wildnisreisenden zukommt. Repräsentiert sie nicht Wärme, Unterkunft und Essen? Ohne eine gute und zweckmäßige Axt kann der Wildnisreisende kein Feuer unterhalten, keine Unterkunft und keine Fallen bauen. Ohne Axt ist er zwar nicht gänzlich verloren, aber fast. Die Axt für den Einsatz auf der Jagd als universelles Werkzeug hat bei einem Gewicht des Eisens von 600 - 1000 g einen Stiel von 60 - 70 cm Länge, je nach Körpergröße. Der Stiel sollte so lang sein wie der Arm des Benutzers. Um das zu testen, legt man den Knauf der Axt in die Achselhöhle und faßt das Eisen mit der Hand. Ist der Arm dabei ausgestreckt, und ruht das Eisen in der Hand, dann ist der Stiel gerade richtig.

Bei der Durchsicht der Kataloge wird man solch eine leichte Axt mit einem so langen Stiel selten finden. Aber nicht das Gewicht ist für die Schneideigenschaften verantwortlich, sondern die Geschwindigkeit und Schärfe. Die ideale Trapperaxt hat ein schlankes Blatt und ist scharf geschliffen. Mit einer Axt wird relativ weiches, frisches Holz verarbeitet. Die Beschaffung von Brennholz beschränkt sich auf das Sammeln von trockenen, abgestorbenen Ästen, die mit der Kappe der Axt zerbrochen werden. Bei dem trockenen und somit harten Holz würde jede Schneide leiden und zu schnell abstumpfen, und das leicht zu hackende frische Holz brennt nicht.

Eine scharfe und gepflegte Axt ist im Regelfall härter als Autolack, Hundepfoten, Finger und Gewehrschäfte aus extra ausgesuchtem Maserholz. Man sollte die Schneide schützen, um Schäden an vorgenannten Gegenständen und Körperteilen zu verhindern. Eine solche Schutzhülle näht jeder Schuster gerne. Wer sich das nicht leisten kann, der ist mit einem Stück Gartenschlauch, das er der Länge nach auftrennt, auch gut beraten.

Für die Handlichkeit der Axt ist deren Balance wichtig. Um das zu testen, faßt man die Axt am Stiel nahe am Eisen und beobachtet, wohin die Schneide zeigt. Die Schneide soll gerade liegen, wie in der Abbildung unten zu sehen ist. Wenn nicht, dann darf sie nur leicht nach oben oder unten zeigen. Das zeugt von der Ausgewogenheit von Schneide und Kappe. Ein zu langes und schweres Blatt hängt nach unten. Bei einem zu schweren Haus zeigt das Blatt nach oben. Da der Stiel bei einer guten Axt eirund ist, kann man ihn nur schlecht führen. Die Balance einer solchen Axt muß daher ausgewogen sein, damit beim Schleudern der Axt diese richtig mit der Scheide auftrifft. Nur so trifft man den anvisierten Punkt auch sicher.

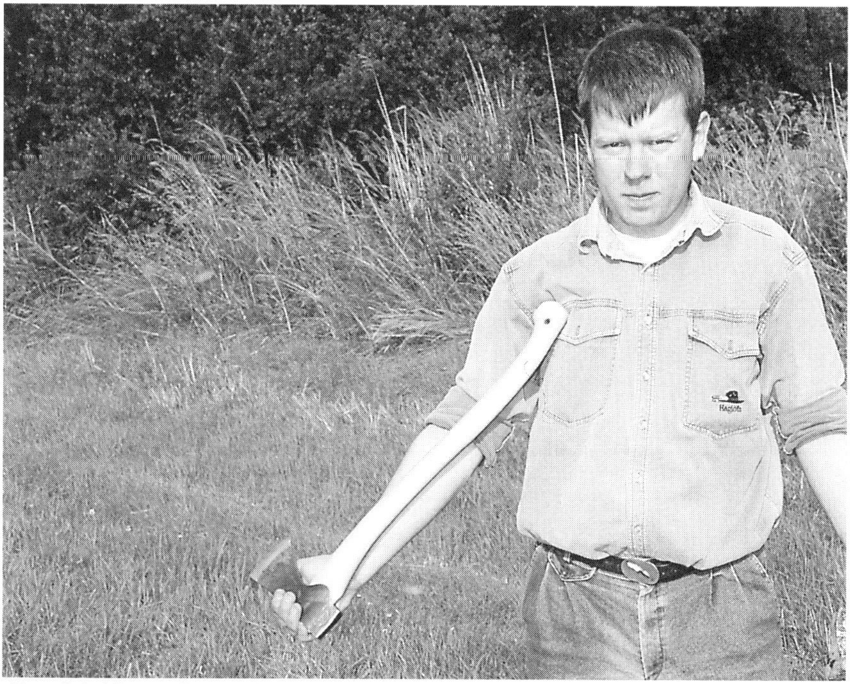

Der Stiel ist so lang wie der Arm des Benutzers

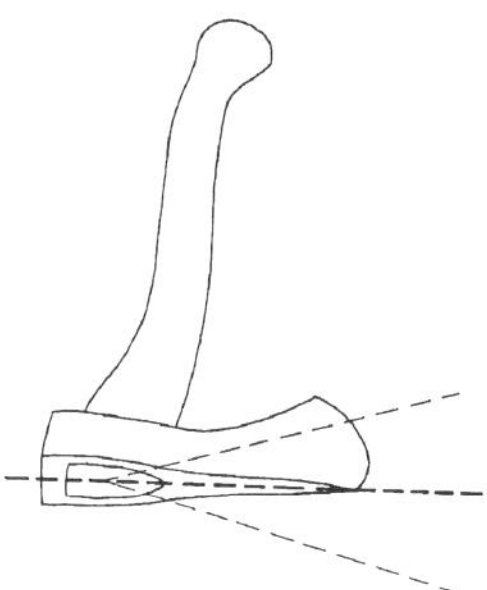

Test der Balance: Die Axt wird waagerecht im Schwerpunkt mit der Hand gehalten, daß sie sich frei drehen kann. Wohin weist die Schneide? Mehr als wenige Grad nach oben oder unten sind nicht erwünscht

7.4.3 Die Form der Schneide

Die Axt muß eine scharf geschliffene Schneide besitzen, da es sich um ein Schneidwerkzeug handelt. Das hört sich einfach an, doch hierbei werden die meisten Fehler gemacht. Nicht nur, daß die Schneide stumpf ist, durch falsches Schleifen wird sie ausgeglüht, geschwächt oder so falsch angeschliffen, daß sie sich immer im Holz verkeilt und nicht zu gebrauchen ist.

Die Schneide hat ballig zu sein, das heißt, die Seiten der Schneide beschreiben einen Radius. Das stärkt die Schneide im wichtigsten Bereich. Der Querschnitt der Axtschneide sollte ebenfalls ballig sein, die beiden Ränder sind somit dünner als die Mitte. Dadurch liegt die Schneide im Holz immer nur an einem Punkt auf und klemmt weniger. Dadurch werden normalerweise Ferse und Zehe der Axt nur wenig geschwächt.

Die Form der Schneide ist bestimmt von der geplanten Verwendung: für feinere Holzarbeiten sollte die Schneide gerade sein, für den universellen Einsatz im Wald und auf der Jagd ist eine runde Schneide besser.

Der richtige Schliff sorgt auch dafür, daß die Axt den Span sauber und von selbst aus dem Schnitt fördert. Es hilft bei der Arbeit nicht, daß die Axtschneide nur tief in das Holz eindringt. Der Span muß auch angehoben, abgebrochen und aus dem Schnitt geworfen werden.

Die Schneidengeometrie bei Äxten für Hart- und Weichholz

	Schneidenwinkel	Schliffwinkel	Ballen	Schneidenstärke*	Wangenstärke**
Weichholzaxt	28°	10°	18°	3,0 mm	12 mm
Hartholzaxt	35°	8°	27°	3,5 mm	10 mm
Spaltaxt	22°	12°	10°	5,0 mm	22 mm
Spalthammer	40°	30°	10°	6,0 mm	45 mm
Astaxt	10°	5°	5°	2,5 mm	9 mm

* gemessen 8 mm über der Schneidekante; ** gemessen 70 mm über der Schneidekante

7.4.4 Das Gewicht

Bei der Axt kann man verschiedene Gewichtsklassen unterscheiden. Für die schneidende Arbeit ist eine leichte Axt besser, da sie leichter zu heben ist. Auch erhält die Schneide ihre Wirkung weniger vom Gewicht als von der Geschwindigkeit des Eisens. Eine schwere Axt ermüdet somit den Benutzer leichter. Für einen Anfänger ist eine schwere Axt aber leichter zu handhaben, der erfahrene Waldläufer kommt mit einer leichten Axt zu guten oder besseren Ergebnissen, weil er sein Handwerk beherrscht und mit der Axt auch trifft. Die Axt, die zum Spalten benutzt werden soll, wirkt durch die Wucht des schweren Eisens. Ein Spalthammer sollte daher um die 3 kg Gewicht haben. Bei Äxten liegt die Gewichtsgrenze bei 1 kg. Darüber gelten Äxte als schwer, darunter als leicht.

7.4.5 Der Stiel

Wozu braucht eine Axt eigentlich einen Stiel? Erstens natürlich, um damit das Eisen in ein Stück Holz oder Ähnliches zu schlagen. Zweitens aber – und das wird häufig vergessen – um das Eisen wieder aus dem Holz herauszuziehen. Der Stiel ist den größten Belastungen nicht bei einem normalen Schlag ausgesetzt, sondern dann, wenn der Benutzer versucht, eine verklemmte Axt aus einem knorrigen Stamm zu ziehen. Die Belastung sollte immer nur in Richtung der Schneide verlaufen, also ein Auf- und Abbewegen. Die Bewegung quer zur Schneide, um den Riß im Holz zu spreizen, belastet den Stiel völlig falsch, und er bricht so am leichtesten.

Bevorzugtes Holz für den Stiel ist Hickory, in Deutschland wird vorwiegend die zähe Esche verwendet. Die neuerdings in Baumärkten angebotenen Stiele sind aus verschiedenen Hölzern, manchmal nicht einmal namentlich bezeichnet, aber trotzdem gut zu gebrauchen. Man sollte stets daran denken, daß es die gleiche Arbeit ist, einen Axt auf einen schlechten Stiel wie auf einen guten Stiel zu setzen.

7.5 Formen von Äxten und Beilen

7.5.1 Harzer Form

Typisch für eine Axt mit Harzer Form ist das Blatt mit einer langen Schneide und einem starken Hang nach innen. Sehr gut zum Ausasten geeignet.

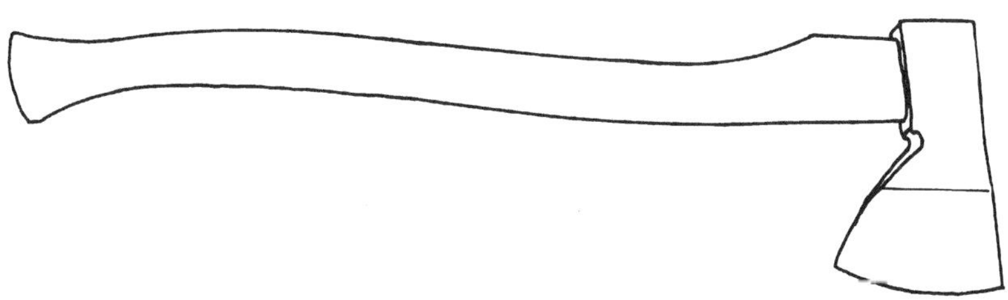

Harzer Form

7.5.2 Rheinische Form

Bei der Rheinischen Form wurde früher oft nur ein einfach geschwungener Stiel benutzt. Die Schneide ist relativ schmal. Eine typische Fällaxt.

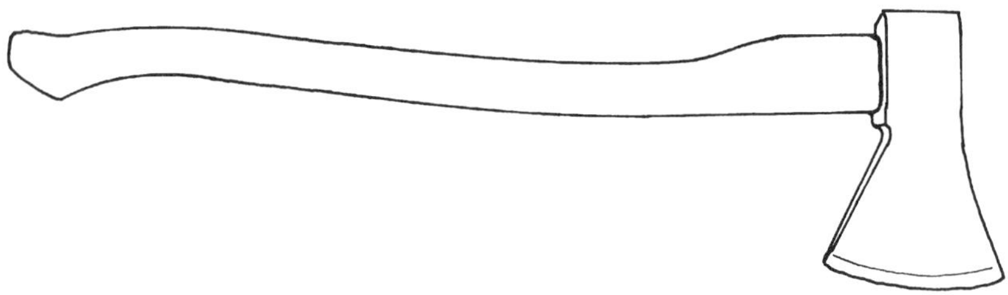

Rheinische Form

7.5.3 Kanadische Form

Die kanadische Form einer Axt hat sich seit Jahrzehnten und Jahrhunderten nicht wesentlich verändert. Typisch ist das ovale Auge und die Tatsache, daß das Blatt und das Haus beide etwa gleich hoch sind. Der Nacken der Axt ist sehr schmal, dafür aber lang, und eignet sich deshalb nur sehr schlecht zum Hämmern. Die Wange der Axt hat den dicksten Punkt im vorderen und oberen Drittel. Die Axt kann somit immer nur an einem Punkt im Holz klemmen. Der Schliff an der Schneide sieht fächerförmig aus, weil die Schneide parallel, die Wange aber stark ballig ist.

Aus der kanadischen Form hat sich die Doppelaxt entwickelt, die überhaupt nicht mehr zum Hämmern geeignet ist. Bei der kanadischen Form handelt es sich um eine Axt mit meist relativ geringem Gewicht, langem Stiel und einem schmalen Blatt. Die Axt ist dazu gebaut, Holz zu fällen und damit zu schneiden.

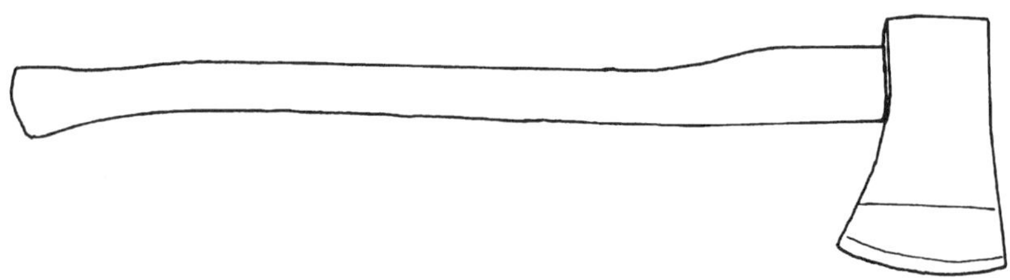

Kanadische Axt, das Auge ist oval

7.5.4 Berliner Form

Auch wenn die Berliner Form der Kanadischen Axt sehr ähnlich sieht, hat sie doch das typisch deutsche dreieckige Auge, während die Kanadischen Äxte ein ovales Auge besitzen.

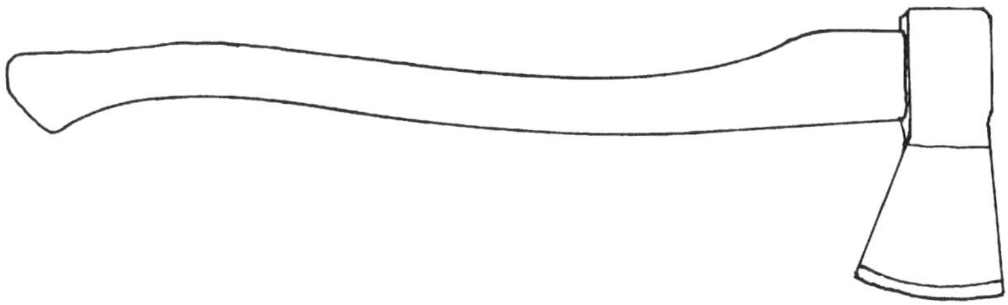

Berliner Form mit dreieckigem Auge

7.5.5 Bayerische Form

Die Axt in der Bayerischen Form fällt durch die Einschnürung zwischen Blatt und Haupt besonders ins Auge. In dieser Form ist auch die Spaltaxt gestaltet.

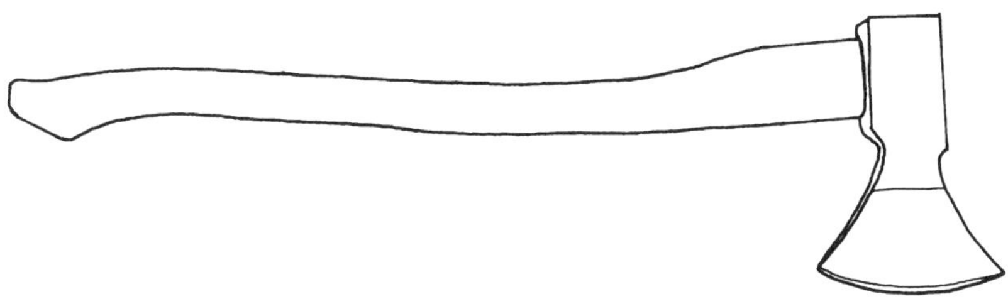

Bayerische Form

7.5.6 Handbeil

Die kleinen Handbeile – auch als Küchenbeile bezeichnet, finden sich fast in jedem Haushalt. Meist in einem schauerlichen Zustand, der durch die Herkunft aus einem Sondcrangebot erklärt werden kann. Ein gutes Handbeil leistet beim Hochsitzbau gute Dienste, da es mit dem kurzen Stiel treffsicher zu führen ist und man auch starke Nägel mit diesem Werkzeug einschlagen kann.

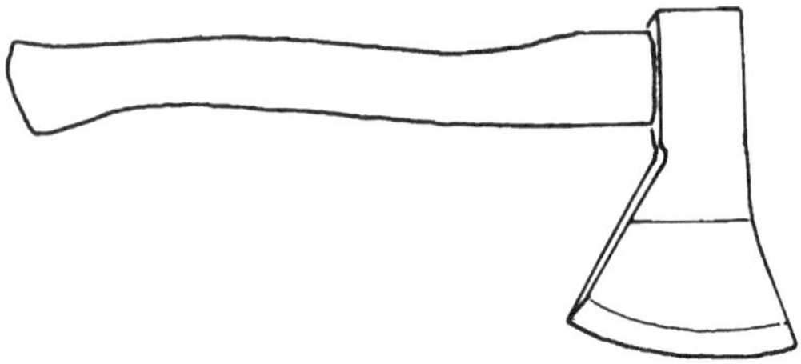

Handbeil

7.5.7 Spaltaxt

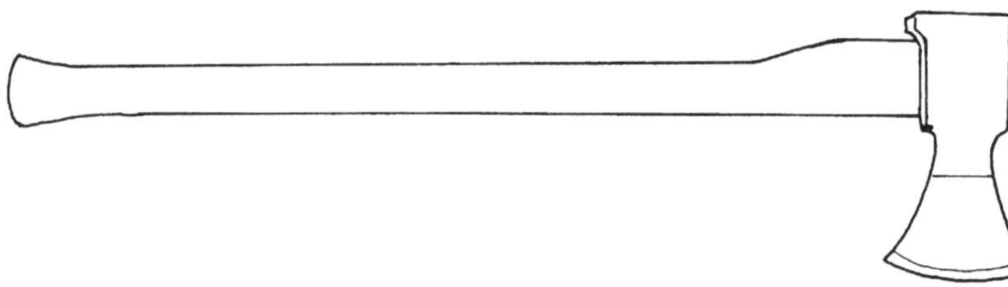

Spaltaxt

Die Entwicklung der Universalaxt zum Spaltwerkzeug führte unter anderem zur Spaltaxt. Sie ist stark keilförmig geschliffen und hat ein hohes Gewicht um die 3 kg. Mit ihr kann man nicht gut schneiden, dafür aber Holz spalten.

7.5.8 Iltisaxt

Das Besondere bei der Iltisaxt, die von der Firma Ochsenkopf hergestellt wird, sind die parallelen Seiten des Blattes. Dadurch entfällt das langwierige Schleifen der Wangen, um sie auszudünnen. Auch dringt die Axt tiefer ein, fördert dafür aber den Span auch schlechter. Der richtige Einsatz für die Iltisaxt ist das Asten der gefällten Bäume. Viele verschiedene Formen von Äxten können mit parallelen Seiten hergestellt werden.

7.5.9 Behaubeil/Zimmermannsaxt

Diese Äxte zeichnen sich dadurch aus, daß der Stiel nicht mittig, sondern – je nachdem, ob Links- oder Rechtshänder – schräg zu einer Seite steht. So kann man dicht an den Balken arbeiten, ohne sich die Haut von den Handknöcheln zu schaben. Die Klinge ist nur von einer Seite geschliffen. Diese Werkzeuge dienen den Zimmerleuten dazu, aus Stämmen Balken zu hauen. Dazu tritt man von einer Seite an den festgelegten Stamm heran und schlägt die Rinde und den Splint weg. Diese Form wird nur noch von wenigen Spezialisten benutzt. Beim Fachwerkbau wurden die Balken früher nicht gesägt, sondern mit der Axt behauen (aus dem runden Stamm herausgeschlagen). Beim Blockhausbau aus Rundhölzern werden die Passungen ebenfalls nicht gesägt, sondern mit dem Beil bearbeitet.

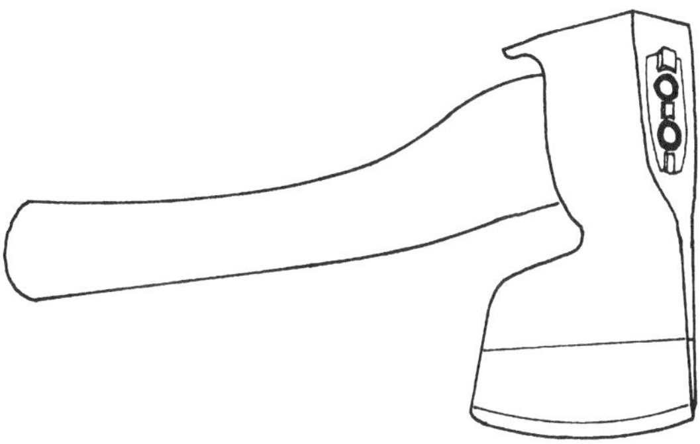

Behaubeil, die Schneide steht zu einer Seite

7.5.10 Doppelaxt

Eine Doppelaxt ist der Traum eines jeden richtigen Mannes (oder Kindes?), weil sie so schön martialisch aussieht. Gebrauchen kann sie hier in Deutschland eigentlich niemand. Sie ist ein Spezialgerät für den Einsatz im Forst, wo viel mit der Axt ausgeastet wird. Der Vorteil ist, daß man an einem Stiel zwei Klingen hat, und damit doppelt so lange arbeiten kann, bis das Werkzeug stumpf ist. Der Nachteil ist, daß man keine Hammerfläche hat und daß man keinen geschwungenen Stiel einsetzen kann.

Einige Holzhauer schleifen an der Doppelaxt zwei unterschiedliche Schneidenwinkel an, um für Weich- und Hartholz gerüstet zu sein.

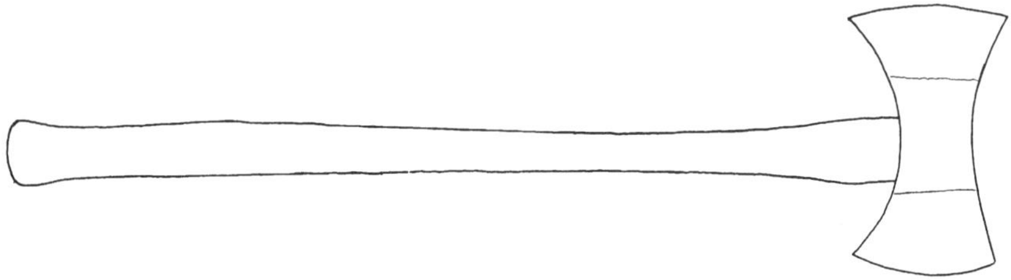

Doppelaxt

7.5.11 Spalthammer

Beim Spalthammer handelt es sich um ein Werkzeug, mit dem man im Forst das Holz spaltet und dann zu Meterenden aufstapelt. Dazu ist der Spalthammer mit einem etwa 3 kg schweren Eisen ausgestattet, das extrem keilförmig ist. Die Schneide ist ausgesprochen stumpf, was aber bei der Verwendung nicht weiter stört. Der Spalthammer wird eingesetzt, wenn Brennholz in Meterstücken zersägt auf dem Waldboden liegt. Man tritt an das Zopfende (das mit der Baumkrone) des Stammstückes. Ein Bein steht rechts, eines links der Stammrolle, der Spalthammer wird über den Kopf gehoben und mit Schwung genau in die Mitte des Stammes geschlagen. Durch die Keilwirkung des Eisens reißt der Stamm in der Mitte in zwei Hälften. Sind zu viele Äste in dem Stammstück, und es spaltet nicht ganz durch, dann tritt man etwas zur Seite, setzt einen Keil in den schon entstandenen Riß und treibt ihn mit den Schlägen der Hammerfläche des Spalthammers ein. Das Holz muß gespalten werden, weil die einzelnen Stücke sonst zu schwer sind und sich nicht mehr von einem Mann bewegen lassen. Die gespaltenen Meterenden werden dann aufgesetzt, indem zwei armdicke Stangen mit dem Spalthammer in die Erde geschlagen werden, zwischen denen dann das Holz aufgeschichtet wird. Der Spalthammer hat einen geraden Stiel von etwa 80 cm Länge.

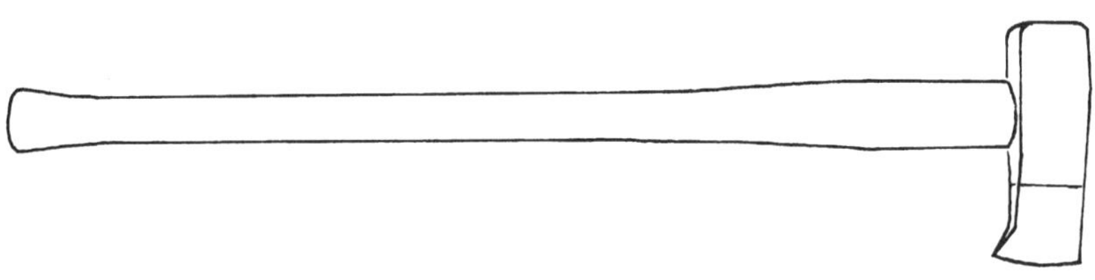

Spalthammer

7.5.12 Das Tomahawk

Dies ist eine sehr leichte Form der Axt mit einem langen Stiel. Ursprünglich wurden sie als billige Handelsware bei Indianern gegen Biberpelze getauscht. Der Kopf ist sehr leicht und im allgemeinen aus einem Stück starken Bleches oder Flacheisen geschmiedet. Früher wurde nur das Eisen gehandelt und der Käufer stielte das Tomahawk selbst ein. Durch die spezielle Form des Auges kann ein Stiel, der oben dicker ist, von oben in das Auge gesteckt werden. So entfällt das Verkeilen. Je größer die Fliehkraft, desto fester sitzt das Eisen.

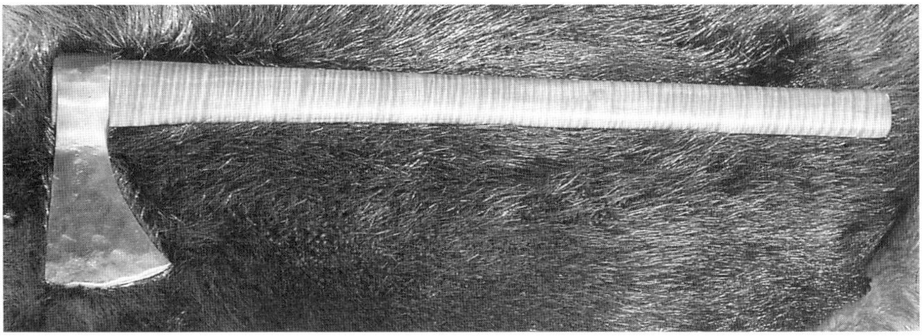

Tomahawk mit Stiel aus gestreiftem Ahorn

7.6 Schleifen von Beilen und Äxten

Eine gute Axt muß auch scharf sein – aber wie macht man das? Erst einmal wird die Härte der Schneide getestet, indem man mit einer Feile vom Haupt her über die Schneide streicht und genau auf das Geräusch und das Gefühl achtet, das Feile und Axt verursachen. Ist das Geräusch hell klingend und die Feile rutscht über das Metall, ohne viele Späne abzuheben, dann ist der Stahl sehr hart. Wenn das Geräusch eher dumpf klingt und die Feile mit dem Hieb tief in das Metall taucht und reichlich Späne abnimmt, dann ist der Stahl weich und kann mit der Feile geschärft werden. Das heißt aber nicht, daß eine weiche Axt qualitativ minderwertig ist, es handelt sich bei den unterschiedlichen Härten nicht um Qualitätsunterschiede. Man sollte aber seine Axt nach diesen Kriterien auswählen: Eine harte Axt bleibt länger scharf, läßt sich dafür aber schlechter oder nur mit mehr Aufwand nachschleifen und an der Schneide brechen schneller und leichter Scharten aus. Eine Axt aus weicherem Stahl bleibt nicht so lange scharf. Sie läßt sich dafür mit wenig Aufwand wieder nachschleifen und an der Schneide brechen nicht so leicht Scharten aus, da sich das Material eher verbiegt als zu brechen. Bei einer mehrwöchigen Reise in die tiefen

Wälder Alaskas oder Rußlands sollte man lieber eine etwas weichere Axt mitnehmen und sie mit einer Feile bei Bedarf nachschleifen.

Baut man im heimischen Revier einen Hochsitz, kann man einer gut gehärteten Axt den Vorzug geben. Ist es einem gelungen sie abzustumpfen, bringt man sie zu Hause am Bandschleifer wieder in Schuß. Es ist meist nicht notwendig, im Wald nachzuschleifen.

Beim Schleifen ist es das Wichtigste, zuerst die Scharten aus der Axtschneide zu entfernen. Dazu wird die Schneide frontal soweit heruntergeschliffen, bis die Scharten ausgewetzt sind. Das eigentliche Schärfen erfolgt dann in einem zweiten Schritt, in welchem die Schneide von einer Seite bis zur Mitte der Schneide abgeschliffen wird. Danach folgt die zweite Seite, die ebenfalls bis zur Mitte abgeschliffen wird. Bei dieser Phase ist Vorsicht angebracht. Schleift man gleich von einer Seite, bis sich der Grat aufwirft, dann steht die Schneide nicht in der Mitte, sondern aus der Mitte auf einer Seite.

Die Axtschneide ist ballig geschliffen, die Seiten der Schneide haben einen Radius

Beim Schleifen sollte man darauf achten, den Stahl nicht zu überhitzen, da dadurch die Härte verloren gehen kann. Auf keinen Fall sollte man dazu einen Winkelschleifer benutzen, da dieser viel zu schnell ist und die Schneide ausglüht. Ein Wasserstein ist die alte Methode, die moderne Methode ist der Bandschleifer. Wenn der Stahl Anlauffarben zeigt, deutet das auf eine Temperatur von 280 - 300°C hin, der Stahl verliert seine Härte aber erst über 350°C. Also sollte man sofort kühlen, wenn die Schneide anläuft, aber auch dann muß es noch nicht zu spät sein.

7.6.1 Schleifen unterwegs

In den Büchern für Waldläufer wird immer angeraten, die Axt im Wald mit einer Feile nachzuschleifen. Dazu braucht man entweder eine sehr gute Feile oder eine weiche Axt. Ich bevorzuge für solche Anwendungen eine weichere Axt. Das heißt nicht, daß sie nicht gehärtet ist, die Feile ist nur in der Lage, richtig Späne abzunehmen. Beim Feilen hört man einen dumpfen Ton. Bei einer harten Feile hört sich der Ton hell und klingend an und die Feile nimmt nur kleine Krümel ab. Egal mit welcher Kombination man arbeitet, man sollte immer vorsichtig auf die Scheide zu feilen! Schnittwunden heilen im Wald so schlecht.

Bei der Qualität der Feilen gibt es gewaltige Unterschiede. Es gibt Feilen, die nur wie Feilen aussehen, aber aus zu weichem Material gefertigt sind und sich schnell abnutzen oder – noch schlimmer – gar nicht erst in der Lage sind, von der Axt Material abzunehmen. Gute Feilen bekommt man nur selten im Baumarkt, die richtige Quelle ist der Fachhandel. Eine neue Feile streicht man mit Wandtafelkreide ein, damit der Hieb geschont wird. Die Feile taucht dann nicht so tief in das zu feilende Metall ein, weil der Hieb mit der Kreide schon zugesetzt ist. Zwei Dinge zerstören eine Feile sehr schnell: Rost und eine andere Feile, wenn sich Feile an Feile scheuern kann. Daher muß man die Feilen immer trocken aufbewahren und beim Transport einzeln in Lappen wickeln.

Zum Schleifen legt man die Axt zuerst fest. Dabei kann man entweder zwei Äxte auf der Erde oder auf einem Brennholzstapel miteinander kreuzen. Eine elegante Lösung ist, in einen Baumstamm oder Baumstumpf eine Kerbe zu sägen und die Axt mit der Kappe hineinzuschlagen. Die Axt sitzt dann fest und kann gut gefeilt werden.

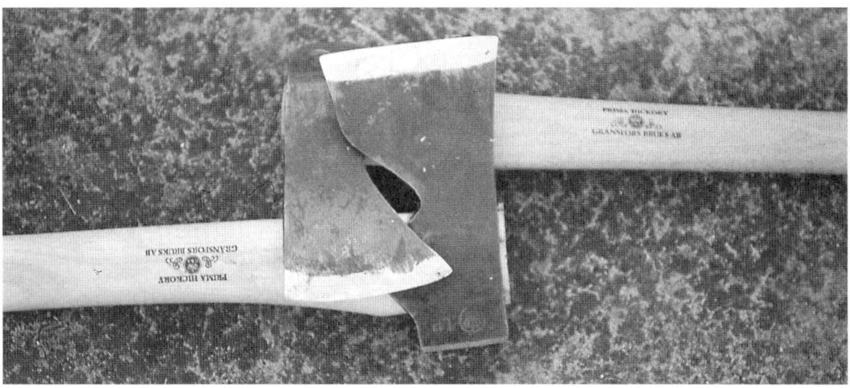

Gekreuzte Äxte lassen sich gut feilen

Man schleift erst eine Seite, bis sich auf der Gegenseite ein Grat aufgeworfen hat. Dann, und erst dann, dreht man die Axt und schleift die andere Seite, bis sich auch dort ein Grat aufwirft. Diesen stehengebliebenen Grat kann man noch mit einem Schleifstein entfernen, das ist aber nicht unbedingt notwendig. Das Schleifen im Feld ist immer nur ein Notbehelf und kann nicht so perfekte Ergebnisse liefern wie das Schleifen in einer Werkstatt.

Um die Schärfe der Axt länger zu erhalten, zieht man die Schneide bei Benutzung ab und zu mit einem feinen Schleifstein ab. Dabei geht man in leichten, scheuernden, kreisenden Bewegungen über die Schneide und schleift den Grat von kleinen Scharten weg. So können diese nicht weiter ausbrechen.

8 Handhabung der Axt

Bei der Benutzung der Axt werden die meisten Fehler eigentlich nur aus Unkenntnis gemacht. Der Gebrauch dieses Werkzeugs kommt in unserer technisierten Welt zu selten vor, als daß man damit richtig vertraut werden könnte. Es ist wichtig zu wissen, daß die Axt durch die Geschwindigkeit und die Schärfe wirkt und daß ein „Drücken“ am Stiel beim Schlag nichts mehr bewirken kann. Man sollte sich den Hieb so vorstellen, als ob der Stiel ein Stück Seil ist und das Eisen am Ende angebunden – wie beim Hammerwerfen.

Die Arbeit mit der Axt ist nicht einfach, sie setzt ein gewisses Maß an handwerklichem Geschick voraus. Das wichtigste ist, den anvisierten Punkt auch zu treffen. Wer das nicht kann, der kann auch nicht mit einer Axt arbeiten. Ein einfacher Test ist, einen Punkt auf dem Hackklotz versuchen zu treffen, nicht mit voller Kraft, sondern nur locker.

Um optimal kraftschonend zu arbeiten, wird die Axt mit einer Hand unten am Ende des Stieles erfaßt. Diese Hand bleibt immer dort und der Griff der Hand lockert sich nicht. Die andere Hand ergreift die Axt direkt unter dem Eisen und hebt sie über den Kopf. Dies spart wesentliche Kräfte ein. Über dem Kopf wird der Schlag ausgeholt und die Axt mit Schwung so beschleunigt, daß sie aus der unteren Hand herausrutschen will. Die Zentrifugalkraft treibt die Axt wie beim Hammerwerfen nach außen. In diesem Moment gleitet die andere Hand am Stiel herunter, und wenn sich beide Hände unten am Stiel treffen, taucht das Eisen in das Holz ein.

Der Moment des Niedergleitens der Führhand ist der Teil der Bewegung, in dem die Axt beschleunigt wird. Wichtig für die gute Wirkung der Axt ist, daß beide Hände gegen die Fliehkraft der Axt zum Körper gezogen werden. Nur dann taucht die Axt in den Baum auch noch mit einer schneidenden Bewegung ein. Die anfänglich kreisförmige Bewegung des Eisens wird im letzten Teil in eine gerade Bewegung umgesetzt. Während bei der Beschleunigungsphase (der kreisförmigen Bewegung) die Arme kaum belastet werden, benutzt man die Muskeln, um die Axt gerade zu schlagen. Mit anderen Worten: der Axt wird zusätzliche Energie mitgegeben. Die Krümmung des Kuhfußstieles im Zusammenwirken mit dem Hang der Axt (Schneide zum Stiel geneigt) sorgt dafür, daß der Benutzer an dem Stiel „zieht“ und die Axt noch besser und tiefer schneidet. Nur so erreicht man eine optimale Wirkung und mit der Stiel- und Schneidenform eine gute Schneidleistung.

Die Axt wird kurz hinter dem Eisen erfaßt

... und über den Kopf gehoben

Beim Schlag wird das Eisen wie beim Hammerwerfen beschleunigt...

... und die Führhand gleitet den Stiel entlang

Trifft die Führhand auf die Hand am Knauf, dann wird die kreisförmige Bewegung des Eisens in eine lineare überführt

Das Eisen taucht in das Holz ein, dabei hilft die Krümmung des Kuhfußstieles, zu ziehen und damit zu schneiden

Um Äste von einem Baum abzuschlagen, führt man den Hieb immer von unten nach oben (am Baum gesehen); beim Schlag von oben in die Achsel des Seitenzweiges reißt er oft ein Stück aus dem Stamm heraus. Auf jeden Fall ist der Schnitt von unten wesentlich sauberer. Holzhauer reimen dazu: „Das Holz reißt, wie der Vogel scheißt" – immer von oben nach unten. Das sollte man unbedingt berücksichtigen, wenn man Holz mit der Axt, dem Beil oder dem Spalthammer zerteilen will.

Eine alte Regel besagt, daß man alles über 6 cm Durchmesser schneller durchsägt als mit der Axt durchhackt. Um es zu verdeutlichen: das sind 6 cm:

Der Durchmesser von 6 cm

Oft vernachlässigt wird die Tatsache, daß der Axtbenutzer Vertrauen zu seinem Werkzeug und zu seinen eigenen Fähigkeiten haben muß. Die unbewußte Angst vor dem Werkzeug veranlaßt den Benutzer, die Bewegung zu stoppen oder zumindest nur so viel Energie der Axt mitzugeben, daß er meint sie beherrschen zu können. Die volle Bewegung der Axt sollte aber nur durch das Schnittgut gestoppt werden. Auch ist man nicht in der Lage, einen gut geführten Axthieb abzufangen. Am besten visiert man einen Punkt unterhalb des zu treffenden an und läßt sich überraschen, wie tief den Axt eindringt. Nur wenn man keine Angst vor einem Fehlschlag hat – weil man sich sicher ist zu treffen, und der Weg der Axt immer sicher endet – dann ist man in der Lage, „durchzuziehen" und dem Schlag die maximale Energie mitzugeben.

Eine weitere Vorbedingung für gutes Arbeiten ist, daß ein Fehlschlag immer in einem anderen Holzstück landet, und nicht im Erdreich oder auf einem Felsen. Erst recht nicht im eigenen Schienbein. Einen richtig geführten Schlag spürt man nicht in der Hand, und der Stiel federt nicht zurück.

Noch einige Worte zu der Sache mit der führenden und der haltenden Hand. Die haltende Hand bleibt immer unten am Knauf liegen. Bei normalsichtigen Menschen, bei denen das rechte Auge die Bewegungen führt, wird dieses die linke Hand sein. Die rechte Hand, die Führhand, gleitet am Gleitstück herauf und faßt die Axt am Öhrstück. Mit dieser Hand wird der Axt die Richtung gegeben, sie wird geführt. Menschen, bei denen das linke Auge das dominante ist (und das rechte wesentlich schwächer) werden feststellen, daß sie mit dieser Handhaltung nicht gut zurechtkommen und den anvisierten Punkt nicht treffen. Diese müssen die linke Hand als Führhand einsetzen und die rechte Hand als haltende Hand unten am Knauf belassen. Selbstverständlich schwingen sie dann die Axt auch links am Körper vorbei nach oben.

Die ersten Versuche mit der Axt werden sicherlich einem Stück Holz, einem Balken oder einem Stammstück gelten. Das Holz wird so festgelegt, daß es auf einer nicht federnden Unterlage ruht, und die Axtschneide nicht beschädigt, wenn das eigentliche Stück Holz durchtrennt ist. Die Schläge erfolgen immer schräg zur Faser, die daraus resultierende Kerbe wird weiter vertieft. Bei dicken Stämmen wird dieser ein Stück gedreht, um einen neue Kerbe schlagen zu können. Auf diese Weise muß man weniger Holz wegschlagen als bei einer einzigen tiefen Kerbe.

Gutes Benehmen im Wald heißt: man nimmt nie die Axt eines anderen, ohne ihn vorher zu fragen. Besser ist noch, den Besitzer zu fragen, ob er schnell die Arbeiten mit seiner Axt erledigt. Er kennt sich damit aus. Wenn sich ein Ungeübter daran versucht, richtet er schnell Schaden an der Axt an (abgebrochener Stiel, Scharten in der Schneide), den der Besitzer nur in stundenlanger Arbeit wieder beseitigen kann. Ein richtiger Waldläufer verleiht seine Axt ohnehin nicht.

Die Axt läßt man im Wald, aber auch in Haus und Hof, nicht einfach herumliegen. Entweder man schlägt sie locker in den Hackklotz, oder man stellt sie mit dem Eisen auf der Erde und dem Stiel an einen Baum oder die Schuppenwand. Niemals sollte man eine Axt einfach irgendwo ins Gras legen. Nicht nur, daß sie durch die Feuchtigkeit Rost ansetzt, ein Tritt auf die Schneide kann böse Folgen haben. Auch schlägt man die Axt niemals in einen lebenden Baum, es sei denn, man will ihn fällen.

Der Stahl der Axt ist bei großer Kälte sehr spröde und bricht leicht. Außerdem sind bei der Kälte, bei der das Eisen spröde wird, auch die Bäume gefroren. Trifft man mit einer unterkühlten Axt auf einen gefrorenen Baum, vielleicht noch einen Knast (eingewachsener Astansatz), dann kann das sehr leicht die Schneide beschädigen. Wenn man die Arbeit nicht verschieben kann, sollte man die Axt am Feuer anwärmen – aber nicht ausglühen! Inzwischen dürfte das Material aber so verbessert sein, daß auch dieses Anwärmen nicht mehr nötig ist.

Eine Axt ist ein gefährliches Werkzeug in der Hand eines Ungeübten. Also sollte man sich von diesen Personen fernhalten. Es reicht, wenn sie sich während der Übungsphase selbst verletzen.

Niemals sollte man unter Ästen oder Wäscheleinen arbeiten. Beim Ausholen nimmt man die Axt unter dem Hindernis nach oben, dann schlägt man zu und der Ast oder die Leine fängt die Axt und schleudert sie auf den Kopf des Arbeiters. Dies hört sich zwar unwahrscheinlich an, kommt aber immer wieder vor.

Bei Holzspalten sollte man niemals den Scheit mit der Hand halten. Wenn er ständig umkippt, dann legt man ihn entweder gleich hin und spaltet dann, oder man hält ihn mit einem Stock.

Mit der Axt oder dem Spalthammer erzielt man die beste Wirkung, wenn man so schlägt, daß das Holz leicht reißt. Dabei gibt es einige Dinge zu beachten. Erst einmal reißt das Holz leichter vom Zopfende zur Wurzel. Ein Stammstück läßt sich gut entweder quer oder parallel zu den Jahresringen spalten, schräg geht es schlechter. Ist ein Ast mit eingewachsen, dann spaltete man diesen Ast mit durch.

Bei einem großen Klotz ist man immer versucht, ihn mit einem mächtigen Hieb in der Mitte zu zerteilen. Das ist ein Fehler, denn die Axt leidet darunter gewaltig. Das Eisen taucht in das Holz ein, der Stiel hängt noch über und schlägt mit voller Wucht auf das Holz, wobei er beschädigt wird. Man schlägt daher nur so große Stücke ab, daß die Ferse der Axt etwas über den Klotz hängt.

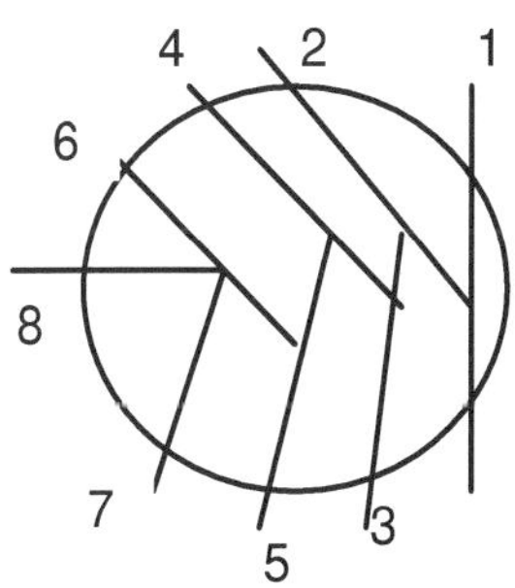

Ein großer Klotz wird nicht in der Mitte gespalten, sondern es werden kleine Stücke abgehackt (Reihenfolge 1, 2, 3...)

Beim Holzhacken darf sich niemand neben dem Hackklotz aufhalten, da die zerteilen Hölzer im Allgemeinen nach rechts und links wegfliegen. Ebenso ist der Platz hinter dem Axtbenutzer tabu, da dieser beim Ausholen mit der Axt den hinter ihm Stehenden nicht sehen, wohl aber treffen kann.

Wenn man einen längeren Ast durchhacken will, dann sollte man nicht nur ein Stück Holz darunterlegen. Wichtig ist auch, den richtigen Punkt zum Schlag auszusuchen, ansonsten fliegt das Holz unkontrolliert durch die Luft.

Die Axt ist am Nacken abgeflacht, um damit zu hämmern. Das Wichtigste ist aber, niemals – wirklich niemals – mit Eisen auf Eisen zu schlagen. Der relativ weiche Nacken wird an den Kanten ausfransen. Bei passender Gelegenheit werden mit hoher Geschwindigkeit Eisensplitter durch die Luft fliegen, die schlimme Verletzungen verursachen können.

Für das Spalten von Holz gibt es verschiedene Arten von Keilen. Eisenkeile, die nur mit einem hölzernen Vorschlaghammer vorangetrieben werden dürfen, Aluminium- und Kunststoffkeile, die für Arbeiten mit der Motorsäge gedacht sind, weil sie die Kette nicht zerstören, wenn sie versehentlich angeschnitten werden. Daneben gibt es zusammengesetzte Keile, die einen Holz- oder Kunststoffeinsatz am Schlag-Ende haben. Alle Keile, die weicher sind als das Metall der Axt, dürfen mit dieser bearbeitet werden. Die Keile werden immer nur zu 2/3 ihrer Länge in das Holz getrieben, dann setzt man einen neuen Keil in den sich öffnenden Riß, und nach einigen Schlägen auf diesen zweiten Keil kann man den ersten entfernen. Niemals sollte man zum Holzspalten die Axt in den Stamm schlagen und dann mit dem Vorschlaghammer die Axt als Keil weiter in das Holz treiben. Dabei wird das Haus verbogen, der Stiel gelockert und die Axt zerstört.

Besonders gefährlich sind stumpfe Äxte, weil sie beim schräg geführten Hieb auf ein Stück Holz nicht in dieses hineintauchen, sondern davon abprallen. Führt man einen Schlag mit voller Wucht in der Erwartung eines Treffers aus, dann ist eine abprallenden Axt fast nicht zu halten. Eine stumpfe Axt ist somit gefährlicher als eine scharfe. Andersherum ist es aber schlecht, sich beim Schlag schon darauf einzustellen, daß die Axt abprallen könnte. Man schlägt dann nicht mit der vollen Wucht zu.

Die Gefahr, die von einer Axt ausgeht, ist umso geringer, je länger der Stiel ist. Ein abprallender Schlag hat höhere Chancen, in den Waldboden zu gehen als in Körperteile.

Eine weitere gefährliche Situation ist der von unten nach oben geführte Schlag, besonders beim Ausasten stehender Bäume und beim Anbringen des Fällkerbes an einem stehenden Baum. Wenn der von unten geführte Schlag am Baum abprallt, beschreibt die Axt einen Kreisbogen auf den Benutzer zu.

Die häufigsten Verletzungen an Äxten ereignen sich aber nicht in der Form, daß sie mit voller Wucht in ein Körperteil geschlagen wird. Viel häufiger kommt es vor, daß man in die ungeschützte Schneide greift, wenn man im Halbdunkel die Axt oder etwas anderes im Auto oder in der Werkzeugkiste sucht. Daher sollte die Schneide der Axt immer gut geschützt werden. Eine Schutzhülle ist nicht nur dazu da, die Schneide vor harten Gegenständen zu schützen, die sie abstumpfen könnten. Sie schützt hauptsächlich davor, sich versehentlich zu schneiden.

8.1 Einige Gesetzmäßigkeiten

- Eirunde Stiele schonen die Hand, brettrunde Stiele sind treffsicherer zu führen, daher haben Fälläxte lange eirunde Stiele, die Werkzeuge für Zimmerleute haben kurze brettrunde Stiele.

- Die Form folgt der Funktion, auch in Bezug auf die Schneidenlänge. Die kürzeste Schneide haben Äxte für Hartholz, weil in das harte Holz nur eine kurze Schneide tief genug eindringen kann. Bei Weichholz ist die Schneide länger, weil bei weicherem Holz auch eine lange Schneide tief eindringen kann. Bei einer Astaxt, die zum Abschlagen der Äste am gefällten Baum benutzt wird, ist die Schneide sehr lang. So trifft man die dünnen Äste besser und sicherer.

- Auf die Leistung der Axt haben im wesentlichen Einfluß: Das Gewicht, die Form und Länge des Stiels und der Hang.

- Verdoppelt man das Gewicht der Axt, dann verdoppelt sich auch die Wirkung.

- Verdoppelt man die Auftreffgeschwindigkeit, dann erhält man die vierfache Wirkung.

- Leichte Äxte ermüden den Arbeiter nicht so schnell wie schwere.

- Je kürzer ein Stiel ist, desto genauer kann man damit treffen. Bei feineren Arbeiten ohne großen Kraftaufwand faßt man die Axt dicht unter dem Eisen.

- Äxte, die eine hohe Auftreffgeschwindigkeit benötigen, haben einen langen Stiel und hängen nach vorne (Setzt man Schneide und Knauf auf eine ebene Unterlage, dann liegt die Schneide mit dem hinteren Drittel auf.

- Äxte, die eine hohe Treffsicherheit benötigen, haben einen kürzeren Stiel und einen Hang nach hinten (Setzt man Schneide und Knauf auf eine ebene Unterlage, dann liegt die Schneide mit dem vorderen Drittel auf).

- Schwere Äxte prallen bei elastischem Holz (Weichholz) nicht so sehr zurück wie leichte.

- Äxte mit langem Blatt lassen sich schlechter führen als mit kurzem. Der Schwerpunkt der Klinge sollte möglichst nahe am Stiel bzw. Auge liegen. Die Äxte mit einem langen Blatt waren früher beliebt, weil sie mehr „Fleisch“ zum Schleifen haben und so länger halten.

- Äxte klemmen weniger, wenn deren Blatt in der Mittellinie stärker ist als an den Seiten.

- Der geschwungene Stiel bei einer Axt sorgt dafür, daß die Axt beim Auftreffen auf das Holz noch ein wenig durch das Holz gezogen wird und dabei schneidet. So dringt sie tiefer ein.

8.2 Pflege

Die Häufigkeit der Benutzung einer Axt scheint bei den Jägern im umgekehrten Verhältnis zum Pflegezustand dieses Gerätes zu stehen: wer eine Axt oft braucht, bei dem sieht sie abgenutzt aus. Wer sie nicht nimmt, bei dem ist sie in gutem Zustand. Für die Revierinhaber sollte aber klar sein, daß die Berufsgenossenschaft bei etwaigen Unfällen sich sehr genau mit dem Zustand des verwendeten Gerätes befaßt. Und Werkzeug in gutem Zustand macht einen guten Eindruck und zeugt von einer hohen Sicherheitskultur. Ich halte mein Werkzeug allerdings nicht für die Berufsgenossenschaft in Schuß, ich will damit gute Arbeit leisten.

8.2.1 Einstielen

Nichts hält ewig – schon gar nicht ein Axtstiel. Wenn das gute Stück einmal zerbrochen oder von den Fehlschlägen vor dem Blatt schon ganz ausgefranst ist, dann wird es Zeit, den Stiel komplett gegen einen neuen auszutauschen. Die beim Arbeiten mit einer Axt auftretenden Kräfte sind so hoch, daß nur ein intakter Stiel diese beherrschen kann; ein Flicken mit Draht oder Schrauben ist dabei unverantwortlicher Leichtsinn.

Zuerst muß der alte Stiel aus dem Auge der Axt entfernt werden, was an sich leicht ist, wenn man weiß wie. Dazu wird der Stiel dicht am Eisen abgesägt. Im Auge der Axt steckt dann noch Holz, das mit einem Stück Holz oder einem Meißel zu der Seite mit dem Keil hin herausgetrieben wird. Falls dieses zu schwer gehen sollte, dann kann man mit einigen großen Bohrungen im Holz den Keil entfernen. Ist das Auge völlig von den Stielresten befreit, kann man darangehen, den neuen Stiel passend zurechtzuschnitzen. Die meisten Stiele sind mehr Keulen als Axtstiele. Die Axt bekommt Ihre Wirkung – wie schon erwähnt – durch die Geschwindigkeit und die Schärfe der Schneide – nicht durch das Gewicht des Stieles. Wenn der Schlag richtig geführt ist, dann wird im Moment des Auftreffens der Schneide der Stiel überhaupt nicht belastet, die Kräfte wirken erst, wenn der Benutzer versucht, die Axt aus dem Holz zu hebeln. Der neu erworbene Stiel wird also rundum abgemagert. Die einzigen Stellen, die dicker bleiben sollten, sind das Öhrstück und der Knauf.

Mit einer Ziehklinge wird der Schaft dann geglättet, mit Sandpapier behandelt und gewässert, damit sich die Fasern aufrichten. Dann wird er wiederum abgeschliffen und letztendlich mit Leinöl oder Schaftöl behandelt, damit er nicht austrocknet und schrumpft.

Beim Einpassen des Stiels in das Auge der Axt werden die meisten Fehler gemacht. Der Schaft soll stramm in das Auge passen und die obere, weitere Öffnung des Auges durch den eingeschlagenen Keil ausgefüllt werden. Das setzt natürlich voraus, daß der Schaft rundum in der unteren Hälfte satt an der Wandung des Auges anliegt, da er dort ja nicht gespreizt wird.

Ich persönlich bevorzuge es, die Stiele und Keile mit Kleber einzusetzen – ich rede mir ein, das wäre besser so. Ich habe zwar noch nie eine meiner mit Kleber eingeschäfteten Äxte locker bekommen, aber die ohne Kleber auch nicht. Das ist wohl eher der guten allgemeinen Pflege zu verdanken als der Klebkraft von UHU Endfest 300. Eines bewirkt der Kleber zumindest: der Schaft kann nicht austrocknen, dabei schrumpfen und sich lokkern. Ein gut geölter Schaft trocknet aber auch nicht aus.

Es gibt nur eine richtige Methode, einen gut ausgetrockneten Stiel zu ölen: er wird mit dem Öl zusammen in eine Plastiktüte gesteckt. Aus der Tüte wird dann möglichst viel Luft herausgedrückt, so daß der Stiel überall richtig im Öl steht. So kann er sich dann einige Wochen lang vollsaugen. Danach muß er einige Tage abtropfen und trocknen. Das ungekochte Leinöl verharzt an der Luft und konserviert den Schaft, außerdem verhindert es, daß das Holz feucht wird, dabei quillt und nachher beim Trocknen schrumpft.

Vor dem Einstielen wird das Auge sauber ausgefeilt, damit kein Grat übersteht und beim Einschlagen den Stiel aufreißt. Ist das der Fall, dann ist der Stiel nach Durchtritt durch diesen Engpaß dünner als notwendig und demzufolge sitzt er schlecht.

Der Stiel wird nun, wenn er gut angepaßt ist, in das Auge gesteckt und mit einigen Schlägen mit dem Holzhammer hineingetrieben. Wenn man ihn wieder herauszieht, sieht man an den Schleifspuren, wo überall noch Holz steht, das abgeschliffen werden muß. Sollte das nicht sehr deutlich zu sehen sein, kann man den Stiel auch mit Farbe oder einer rußenden Kerze einfärben und das Anpassen solange fortsetzen, bis der Stiel rundum sauber anliegt. Der Stiel wird dann an der Oberseite mit einer nicht zu schmalen Säge eingekerbt. Der Schnitt geht etwa bis zur Hälfte/zwei Drittel der Höhe des Auges.

Der Hartholzkeil, der in Baumärkten erhältlich ist, wird passend zugeschnitten. Man kann den Keil auch aus einer Bohle selber heraussägen. Er sollte aus anderem Holz als der Stiel sein, man sagt, er hält dann besser.

Für das Einsetzen wird die Kerbe im Stiel zuerst mit Kleber versehen, dann der Schaft von außen. Der Stiel wird in das Auge gesteckt und mit wohldosierten Hammerschlägen auf den in der freien Hand gehaltenen Knauf in seine endgültige Lage gebracht. Das Eisen setzt sich ganz von selbst auf den Stiel. Auf keinen Fall sollte man den Stiel auf die Erde stellen und auf das Eisen hämmern. Der umgekehrte Weg – Eisen auf der Erde und Schläge auf den Knauf – ist ebenso falsch. Das Eisen muß den Weg auf den Stiel selbst finden. Steht es nachher nicht richtig, dann hat man beim Zurechtschnitzen etwas falsch gemacht.

Der Keil wird angesetzt und mit dem Hammer vorsichtig und gleichmäßig in den Schlitz gehämmert, um das Holz zu spreizen. Die Axt hält man dabei wieder in der freien Hand. Stellt man die Axt dazu auf festen Boden, dann prellt sie bei jedem Schlag auf den Keil zurück. Wenn der Keil richtig sitzt, beendet man das Hämmern und sägt Stiel und Keil gleichzeitig mit dem Metall bündig oder leicht überstehend ab. Am Bandschleifer erhalten die beiden Holzteile gemeinsam den letzten Schliff. Manche Holzhauer raten auch, den Keil 5 mm überstehen zu lassen und flachzuschlagen. Das bündige Absägen ist aber die bessere Lösung.

Um den Holzkeil gegen Verlust zu sichern – was bei guter Arbeit eigentlich nicht nötig ist – treibt man einen Metallkeil zusätzlich schräg zu dem Holzkeil in das Auge hinein. Dabei verdrängt der Metallkeil das Holz in alle Richtungen und es werden so weitaus höhere Abzugskräfte nötig, um Stiel und Kopf wieder voneinander zu trennen, als es die Sicherheitsvorschriften verlangen. Man kann auch zwischen Keil und Stielholz eine kurze, dicke Schraube eindrehen, um den Keil vor dem Herausfallen zu sichern. Das Ende des Stiels wird mit einem dicken Farbauftrag versiegelt, damit das Holz nicht austrocknet und schrumpft und sich dadurch das Eisen lockert.

Äxte und noch häufiger Spaltäxte und -hämmer zeigen die erste Beschädigung am Stiel unterhalb des Eisens. Das kommt daher, daß das Eisen beim Schlag zwar in das Holz eindringt, aber der Stiel dem nicht unbedingt folgen kann und so quasi mit voller Kraft auf das Holz schlägt. Das kann man zwar nicht ganz verhindern, aber durch ein aufgenageltes Blechplättchen oder durch umwickeln mit Draht verlängert man die Lebensdauer. Das Blech wird rund oder oval ausgeschnitten, damit die Nägel nicht in einer Reihe im Maserverlauf stehen und das Holz dort reißt.

Die oft anzutreffende „Reparatur" von losen Stielen mit Hilfe eingeschlagener und umgebogener Nägel ist nicht nur völlig zwecklos, es ist sträflicher Leichtsinn. Die beim Schlag mit einer Axt auftretenden Fliehkräfte sind so groß, daß ein Nagel sie nie halten könnte. Der Sinn der Befestigung ist der, daß mit dem Keil das Holz in die weiteren Bereiche des Auges hineingedrückt wird, der Schaft somit „dicker" ist und das Eisen nicht vom Stiel rutschen kann.

Die einzige zulässige Form der „Reparatur" ist, die lockere Axt in Wasser zu stellen. Sollte ein Schrumpfen die Ursache für den lockeren Stiel sein, dann ist er nach einer Nacht im Wasser wieder fest. Falls nicht, dann muß er neu eingestielt werden. Um das Schrumpfen auszuschließen, sollte man die Stiele auf Vorrat kaufen und die Farbe oder den Lack entfernen. Dann werden die Stiele in einem warmen und trockenen Raum für einige Wochen oder Monate nachgetrocknet. Ein Heizungskeller eignet sich dafür hervorragend. Zweck dieser Maßnahme ist, den Stiel soweit auszutrocknen, daß er in Zukunft nicht noch weiter austrocknen und somit schrumpfen kann.

Der Stiel sollte dort, wo man ihn anfaßt, nicht versiegelt oder bemalt werden, im oberen Drittel kann aber etwas Leuchtfarbe in rot oder gelb nicht schaden. Es erleichtert das Wiederfinden im Wald ungemein. Der Stiel wird statt mit Farbe oder Lack besser mit Leinöl oder Schaftpolitur behandelt, denn dadurch erhält er einen angenehmen Griff und bleibt glatt. So kann die Führhand gut hin- und hergleiten.

8.2.2 Stiele anfertigen

Die Perfektionisten werden sich den Stiel nicht im Geschäft besorgen, sondern aus dem vollen Holz selbst bauen. Früher haben die Holzhauer ganz selbstverständlich das Holz selbst geschlagen und bei Schlechtwetter die Stiele für ihr Werkzeug angefertigt.

Hickory ist das beste Holz für Axtstiele, man kann aber auch die zähe Esche verwenden. Weiterhin eignen sich Hainbuche, Feldahorn (Maßholder), Akazie, Vogelbeere, Elsbeere, Kirsche, Apfel, Pflaume. Weniger geeignet sind Birke, Rotbuche oder Eiche.

Das Stielholz muß zäh, dauerhaft und leicht sein und zudem gut zu spalten. Außerdem soll es gut federn, also elastisch sein. Diese Anforderungen erfüllen nur bestimmte Bäume, und bei der Suche nach dem besten Holz sollte man nach folgenden Dingen Ausschau halten: Das zäheste Holz an einem Stamm ist der Splint, welcher zäher ist als das Kernholz. Weiterhin ist es wichtig, in dem Stiel möglichst viele Jahresringe zu haben, daher eignet sich das Holz von langsam wachsenden Bäumen auf mageren Standorten oder von unterdrückten Bäumen am besten. Je dicker die Stammrolle, aus der ein Stiel gewonnen wird, desto gerader verlaufen die Jahresringe im Stiel, und desto dauerhafter ist er. Wichtig ist, daß man möglichst viel Splintholz in dem Stiel verwendet, man arbeitet sich also von innen nach außen an den Stiel heran. Möglichst viele Jahresringe sollten auf ganzer Länge unbeschadet durchlaufen.

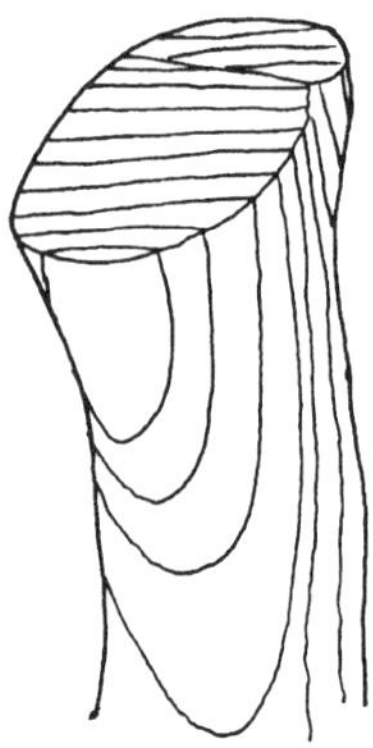

Links schlechte Maserung, rechts beste Maserung für Axtstiele

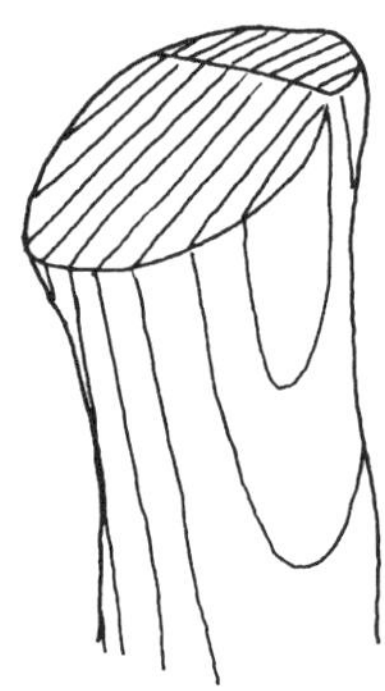

Möglicher Maserverlauf

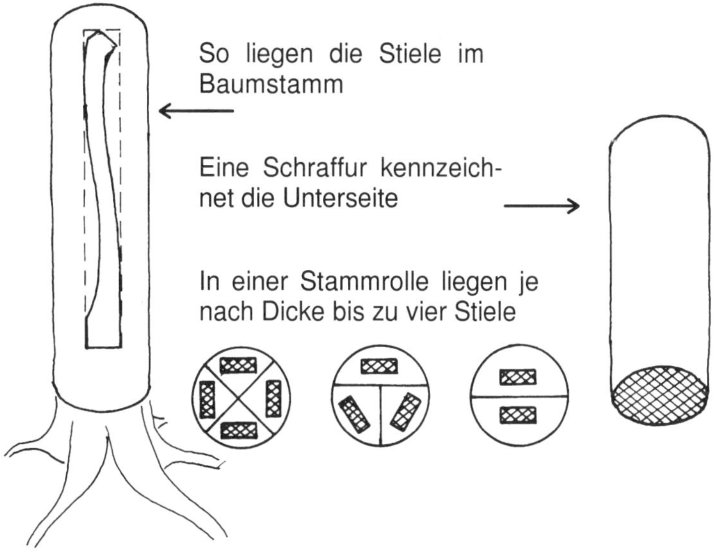

Auswahl des Stielholzes

An dem ausgewählten Baum ist der widerstandsfähigste Teil der untere, der in die Wurzeln übergeht. Dieser untere Teil sollte das Eisen der Axt aufnehmen, da dort der Stiel am meisten auszuhalten hat. Um diese Stelle nach dem Spalten der Stammrolle wiederzufinden, wird die untere Schnittfläche durch eine Schraffur gekennzeichnet.

Die Stammrolle wird vom oberen Ende her gespalten, weil das Holz so am leichtesten reißt. Man setzt den Keil an und testet rechts und links, ob der Riß auch genau in die richtige Richtung läuft. Dann setzt man den Keil in die Mitte und spaltet die Rolle. Am einfachsten geht es, direkt durch den Kern zu spalten. Das ist aber nur möglich, wenn man eine Rolle hat, aus der zwei oder vier Stiele hergestellt werden können. Beim dritteln wird es schwieriger. Muß eine halbe Rolle nochmals gespalten werden, kann es dabei leicht vorkommen, daß der Riß verläuft. Daher setzt man den Keil nicht in die Schnittfläche am oberen Ende, sondern in die Mitte, direkt in die Rinde. Der Riß hat dann nicht mehr so viel Weg, auf dem er aus der Richtung kommen kann.

Die groben Stammstücke werden dann mit der Axt zugehauen, damit möglichst viel Material vom frischen Holz entfernt wird. Das hat drei Vorteile: erstens bearbeitet sich frisches Holz leichter, zweitens braucht man kein Holz zu transportieren, das sowieso entfernt wird, und drittens trocknet der Stiel schneller.

Beim sogenannten „Treppenschlagen“ wird der Stamm eingekerbt, um dann beim nachfolgenden Entfernen des Holzes immer nur bis zur nächsten Einkerbung zu reißen. Dadurch verhindert man, daß der Span aus der Richtung läuft. Auf diese Art wird rundum das überflüssige Holz weggenommen. Die Rinde wird entfernt, ohne zuviel von dem Splintholz wegzuschlagen. Der Stiel soll möglichst viel von dem zähen Splintholz enthalten. Zudem trocknet das Holz mit der Rinde schlecht.

Zum Trocknen werden die Stiele aufgehängt, dazu wird in die Stirnseite ein Nagel oder eine Krampe eingeschlagen. Man kann auch an beiden Seiten eine Krampe einschlagen und ein Gewicht – Ziegelstein – an das untere Ende hängen. Dadurch wird verhindert, daß sich der Stiel verzieht. Damit der Stiel nicht reißt, kann man die Schnittflächen oben und unten in geschmolzenes Kerzenwachs tauchen. Dazu werden alte Kerzenstummel in einer Dose geschmolzen – aber Vorsicht, flüssiges, heißes Wachs ist feuergefährlich wie Benzin! Der Platz muß trocken und schattig sein, damit das Holz langsam trocknet und nicht reißt. Die Stiele brauchen etwa ein Jahr, bis sie richtig ausgetrocknet sind – zwei Jahre Lagerung schaden aber auch nicht.

Für das Aufzeichen auf den getrockneten Rohling fertigt man sich entweder eine Schablone, oder man benutzt einen anderen Stiel. Hierbei sollte man sich Zeit lassen und in aller Ruhe probieren, damit die Form optimal aufgelegt wird, und beim weiteren Arbeiten möglichst wenig Jahresringe zerschnitten werden. Um die Maserung besser sehen zu können, feuchtet man das Holz mit einem nassen Lappen an.

Nun muß das überflüssige Holz entfernt werden. Hat man keine Säge (Bandsäge, Stichsäge) zur Verfügung, mit der man die geschwungene Form aussägen kann, sägt man mehrfach rechtwinklig ein. Das Holz wird dann mit der Axt weggeschlagen. Die Einschnitte helfen dabei und verhindern ein unkontrolliertes Ausreißen.

Sind die Ober- und Unterseite des Stieles bündig zu der Markierung ausgeformt, kann man beginnen, die Kanten zu brechen und die Seiten zu bearbeiten. Damit der Stiel gerade wird, markiert man die Mitte auf der Ober- und Unterseite mit einem Strich, auf den man gut zuarbeiten kann.

Nach dieser Arbeit kommt der Schabhobel zum Einsatz. Mit ihm wird dem Stiel die endgültige Form gegeben. Für die Feinbearbeitung eignet sich eine frisch gebrochene Glasscherbe (Flasche in einer Plastiktüte zerschlagen) oder eine Ziehklinge, die exakt rechtwinklig geschliffen wird. Es gib auch Ziehklingen, die aus Rundungen bestehen und für die Arbeit an einem runden Stiel besser geeignet sind als eine rechteckige Klinge.

Die Politur erhält der Stiel mit Sandpapier, das bis zu einer Körnung von 320 eingesetzt wird. Das Papier muß immer scharf sein, damit es die Fasern auch abschneidet und nicht nur in die Poren drückt. Der Stiel wird vorher mit Wasser (möglichst heiß!) abgerieben, um die Fasern aufzurichten. Dann werden die Fasern abgeschliffen. Es wird dann wieder gewässert, bis sich keine Fasern mehr aufrichten und der Stiel glatt bleibt. Danach folgt der Ölschliff. Kieselgur oder Schlämmkreide wird auf einen mit Schaftöl getränkten Filzlappen gestreut, und mit diesem Lappen wird der Stiel poliert.

Mit dem Zurechtschneiden des Knaufes ist der Stiel fertig zum Einstielen. Der Knauf wird mit zwei Schnitten erst spitz zugeschnitten, wobei der größere Teil unten liegen soll. Am Handrücken stört zuviel Material. Die entstandene Spitze wird dann noch mit einem weiteren Schnitt gekappt, um genau innerhalb der Mittellinie des Stieles eine Schlagfläche von etwa der Größe eines Markstückes zu erhalten. Vor dem Einstielen wird der Stiel in einem Heizraum völlig ausgetrocknet, damit er möglichst viel Wasser verliert.

8.2.3 Herrichten von alten und beschädigten Äxten

Immer wieder bitten „gute Bekannte", eine alte und abgenutzte Axt wieder aufzuarbeiten. Meistens lohnt sich der Aufwand, da die alten Äxte qualitativ sehr hochwertig sind.

Alte Äxte – meist lohnt sich das Aufarbeiten

Eine solche Axt besitzt meist einen völlig unbrauchbaren Stiel und eine schartige Schneide. Mit reichlich Nägeln wurde das Eisen „gesichert“.

Als erstes wird man sich einen passenden Stiel besorgen oder diesen wie zuvor im Buch beschrieben anfertigen. Das Eisen wird dann vom Rest des Stieles befreit und das Auge sauber ausgefeilt. Meist ist der obere Rand durch Hammerschläge entstellt und ausgefranst, und der neue Stiel kann nicht richtig hindurchtreten. Der feste und glatte Rostbelag kann durchaus auf der Axt verbleiben. Das nächste Augenmerk richtet man auf die Schneide, die auf dem Bandschleifer wieder in Form gebracht wird. Dazu schleift man zuerst rechtwinklig zur Schneide sämtliche Scharten heraus und gibt der Schneide wieder den richtigen Verlauf. Diese Schleifarbeiten sind am leichtesten an einer Axt ohne Stiel durchzuführen. Ist die äußere Form wieder hergestellt, kann man die Schneide schärfen. Zuletzt wird die Axt eingestielt und mit ein paar fachmännischen Ermahnungen an den Besitzer zurückgegeben.

9 Die Säge

Sägen sind seit rund 3000 Jahren bekannt. Daher kommt auch die große Formenvielfalt, die man bei Sägen antrifft. Der Siegeszug der Motorsägen und die Tatsache, daß Baumärkte Sägen und Sägeblätter so günstig anbieten, daß sich ein Nachschärfen nicht lohnt, hat dazu geführt, daß viel Wissen um diese Geräte verlorengegangen ist.

Die Wirkungsweise der verschiedenen Sägen hängt von der Bezahnung ab. Wichtig bei jeder Säge ist, daß das Sägeblatt nicht im Schnitt klemmt. Es gibt zwei verschiedene Möglichkeiten, das zu verhindern. Einerseits kann man den Schnitt öffnen (Keile), oder man kann dafür sorgen, daß der Rücken des Sägeblattes dünner ist (Ausschleifen) bzw. die Bezahnung breiter (Schränkung).

Besonders bei Sägen, mit denen Bäume gefällt werden, kommt es häufig vor, daß durch Spannungen im Schnittgut der Sägeschnitt zusammengedrückt wird und die Säge klemmt. Dafür gibt es Taschenkeile, die man schnell eintreiben kann, um damit den Schnitt zu öffnen. Bei der Arbeit mit Motorsägen sollte dieser Keil aus Kunststoff oder Aluminium sein. Falls man aus Versehen in den Keil sägt, beschädigt er die Sägekette nicht.

Normalerweise sollte aber die Schränkung der Säge ausreichen, um einen Schnitt zu produzieren, der breiter ist als die Stärke des Sägeblattes. Bei der Schränkung muß man einen Kompromiß finden zwischen dem positiven Effekt des breiten Schnittes (= Säge klemmt nicht) und dem negativen Effekt (= es muß viel Holz zerspant werden, sägen dauert länger).

In Baumärkten werden oft Sägen mit einem Schwedenblatt angeboten. An diesem Blatt sind die Zähne speziell gehärtet. Sie können sogar durch einen HSS-Auftrag (HSS ist die Abkürzung für High-Speed-Steel) veredelt sein. Diese Sägeblätter halten zwar länger, sind aber auch spröder und brechen daher leichter, und sie lassen sich nicht nachschleifen.

9.1.1 Fleischersäge

Diese Säge wird speziell für den Fleischer und Schlachter hergestellt. Besonders wichtig daran sind die hygienischen Anforderungen. Das Sägeblatt besitzt eine feine Dreieckszahnung, die sich nachschärfen läßt. Der Aufwand lohnt sich aber nicht, da Ersatzblätter preiswert angeboten werden. Auf der vorderen Bügelseite besitzt die Fleischersäge meist eine Vertiefung. Diese dient dazu, die Säge mit dem Blatt nach oben mit dem

Bauch an eine Tischkante zu stemmen. Die Knochen werden dann mit beiden Händen gefaßt und hin- und herbewegt, um sie zu zerschneiden. Die Vertiefung im Bügel verhindert, daß die Säge von der Tischkante abrutscht. Knochen werden von den Fleischern zersägt, weil beim Hacken große Knochensplitter produziert werden, die in der Nahrung gefährlich sind.

9.1.2 Schrotsäge

Die Schrotsägen sind die typischen Sägen für Holzfäller. Sie bestehen nur aus einem Blatt und zwei Griffen. Man kann mit dieser Säge nur auf Zug arbeiten, da das Blatt keine Eigenstabilität besitzt. Im Gegensatz dazu steht der Fuchsschwanz, dessen Blatt so stabil ist, daß man mit ihm auch stoßen kann. Eine Schrotsäge wird immer von zwei Personen benutzt, und von beiden nur auf Zug. Der Rücken ist bei einigen Modellen ausgekehlt, damit man einen Keil in den Sägeschnitt einschlagen kann, wenn sich die Säge dadurch im Schnitt verklemmt, daß der Stamm zusammengedrückt wird.

9.1.3 Bügelsäge

Die Bügelsäge besitzt einen Bügel, der das Sägeblatt spannt und der es einer einzelnen Person ermöglicht, mit einem relativ dünnen Blatt zu sägen. Der Bügel der Säge überträgt auch die drückende, nicht nur die ziehende Bewegung. Da die Handhabung durch einen Mann erfolgt, ist der Einsatzzweck dieser Säge auf Holz bis zum Durchmesser von 20 - 25 cm beschränkt. Darüber hinaus ist die Schrotsäge besser geeignet. Unter 6 cm Durchmesser ist – wie bereits angesprochen – die Axt der Säge überlegen.

9.1.4 Sägen an Taschenmessern/Klappsägen

Jäger kommen sicherlich häufiger mit Fleischsägen in Kontakt als der Normalbürger. Diese Sägen sind an verschiedenen Jagdtaschenmessern angebracht und dienen dazu, beim Wild das „Schloß“ zu durchtrennen, eine Knochennaht des Beckenknochens (die Schambeinfuge). Neben den Sägeklingen an Taschenmessern gibt es die Sägen auch als Klappsägen mit nur einer Sägeklinge. Dabei sollte man den Sägen mit der sogenannten Woodzig-Zahnung den Vorzug geben. Diese Zahnung arbeitet nur auf Zug und gleitet beim Schub über den Schnitt. Dadurch kann man das Sägeblatt nicht verbiegen. Bei anderen Zahnungen kommt es vor, daß sich die Klinge beim Schub verklemmt und man beim weiteren Schieben die Klinge verbiegt. Bei allen diesen kleinen Sägen sollte man darauf achten, daß der Rücken entweder dünner geschliffen ist als die Zahnung oder daß die Zahnung ausreichend geschränkt ist.

Die beste Zahnung an einem Taschenmesser hat die Säge an dem Jagdmesser nach O.E.J. Graf Kujawski. Das extra aus dünnem Stahl eingesetzte Sägeblatt hat sauber geschränkte Zähne, sägt ganz hervorragend, und läßt sich im Gegensatz zu den üblichen geschliffenen Sägen einfach sauberhalten.

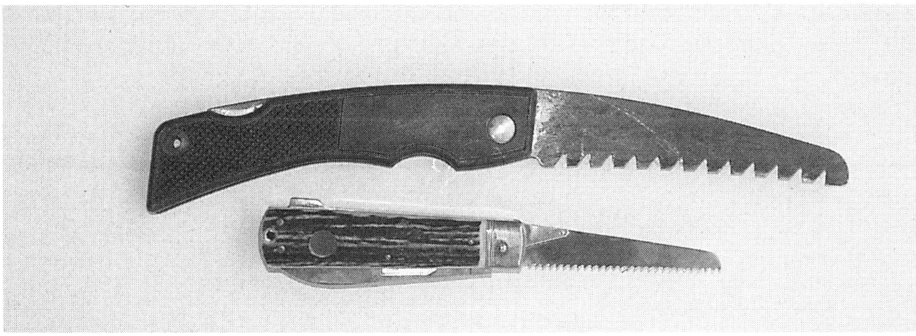

Klappsäge

10 Hobel

Beim Hobel gibt es viele Dinge zu beachten, die aufzuzählen den Rahmen dieses Buches sprengen würde. Das Schärfen soll aber hier kurz seinen Niederschlag finden. Es ist für das Schleifen gleichgültig, ob man einen normalen Hobel schärft oder einen Schabhobel, der beim Einstielen der Äxte in Aktion tritt. Bei beiden ist nur die äußere Form und die Handhabung unterschiedlich, bei der Funktion der Klinge sind sie gleich. Die Hobelklingen sind meist zu steil angeschliffen, und als weiteren Fehler haben die Vorbesitzer die flache Seite der Klinge auch mit dem Schleifstein behandelt.

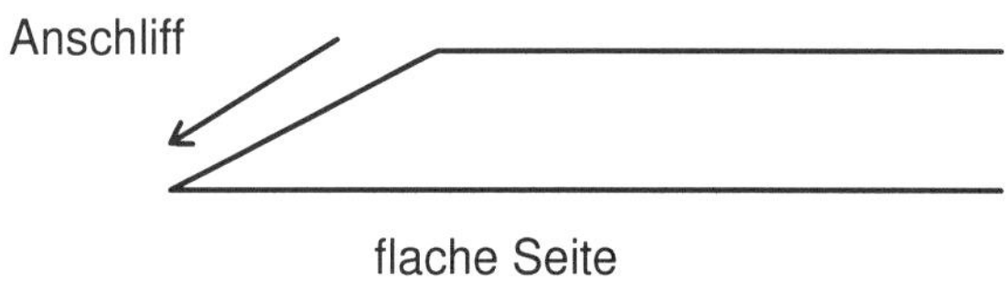

Hobelklinge mit 15 - 20° Anschliff

Ein Grundsatz beim Schleifen von einseitig angeschliffenen Klingen ist, daß die flache Seite niemals in einem Winkel geschliffen wird. Als erstes wird die Klinge wieder hergerichtet und die gewünschte Form zurechtgeschliffen. Dazu wird die Schneide soweit verkürzt, bis diese wieder gerade ist und alle Scharten verschwunden sind. Als nächstes wird die flache Seite plan auf dem Bandschleifer geschliffen, bis diese Seite glatt ist und plan liegt. Erst dann kann die eigentliche Schneide angeschliffen werden. Wenn man sich mit seinem Hobel vorsieht, kann man ruhig einen etwas flacheren Schneidenwinkel um 15° riskieren. Diese Schneide wird nur von der einen Seite angeschliffen, so lange, bis sich auf der flachen Seite ein Grat aufwirft. Dieser Grat wird dann an der Polierscheibe entfernt. Dabei wird die Scheibe fast nur von der angeschliffenen Seite her benutzt, die flache Seite wird nur ganz kurz angehalten, damit die Klinge von dort nicht verrundet wird.

Beim Zusammenbau sollte man immer darauf achten, daß der abgehobene Span nicht zu dick wird und im Hobel reichlich Platz für den Abfluß der Späne ist.

11 Zugeisen

Beim Zugeisen gilt im Prinzip das zuvor für den Hobel gesagte. Auch hier wird die Klinge in eine flache und eine angeschliffene Seite unterschieden. Und auch hier wird die flache Seite nicht angeschliffen. Ein Zugeisen ist ein hervorragendes Werkzeug, um Holz abzutragen und dabei eine Form herauszuarbeiten. Man kann die Tiefe des Schnittes selbst ständig neu bestimmen, indem man die Klinge steiler oder flacher ansetzt.

Um das Zugeisen noch besser anzuschleifen und leichter kontrollieren zu können, kann man der geraden Seite eine ganz leichte Fase von 3 - 5° geben. Teilweise reich es schon aus, etwas ausgiebiger mit der Schwabbelscheibe auf der flachen Seite zu polieren. Das Zugeisen dringt dann nicht so schnell und tief in das Holz ein.

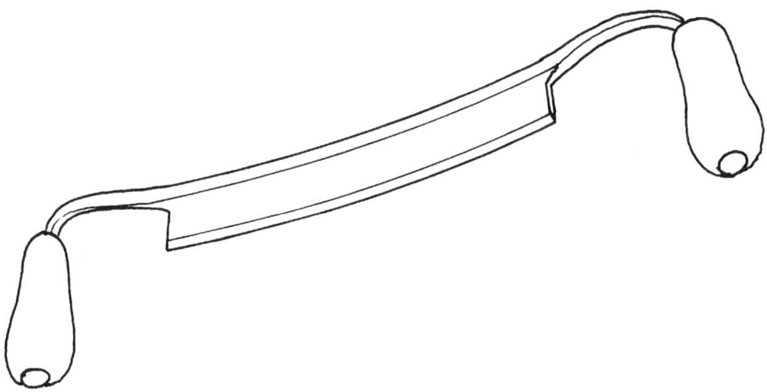

Zugeisen

12 Dechsel

Beim Dechsel (in einigen Landstrichen auch Dexel geschrieben) handelt es sich um eine Axt, deren Klinge quer zum Stiel gestaltet ist. Daher auch der weitere Name „Querbeil“. Mit diesem Spezialwerkzeug wird besonders im Schiffsbau gearbeitet. Es ist eines der ältesten Werkzeuge, denn die ersten Steinaxtklingen waren nicht längs zum Stiel, sondern quer dazu geschäftet. Der Dechsel wird benutzt, um Holz abzuflachen, das auf der Erde bzw. zwischen den Füßen liegt. Demzufolge ist der Dechsel so geschliffen, daß die gerade Schneide unten ist und von der Seite mit dem Stiel her die Schneide angeschliffen wird. Die besondere Form des Hohldechsels, auch als Mollenhauer bezeichnet, wird dazu benutzt, um Holz innen auszuhöhlen. Daß die Arbeit mit dem Dechsel – direkt zwischen den Füßen – besonders gefährlich ist, braucht sicherlich nicht extra erwähnt zu werden. Die echten Spezialisten arbeiten mit dem Dechsel auch unter dem Fuß, sie halten den Span, der abgetrennt wird, mit der Schuhsohle fest. Das ist natürlich nur zu verantworten, wenn man Sicherheitsschuhe mit Stahlkappe trägt.

Die Dechselklinge wird immer von oben, also der dem Stiel zugewandten Seite, angeschliffen. Die Seite, die mit dem Holz in Kontakt kommt, bleibt wie beim Hobel unangetastet. Man kann aber auch – wie beim Zugeisen, den Dechsel von der geraden Seite her leicht anschleifen, damit er nicht gleich so tief ins Holz eindringt.

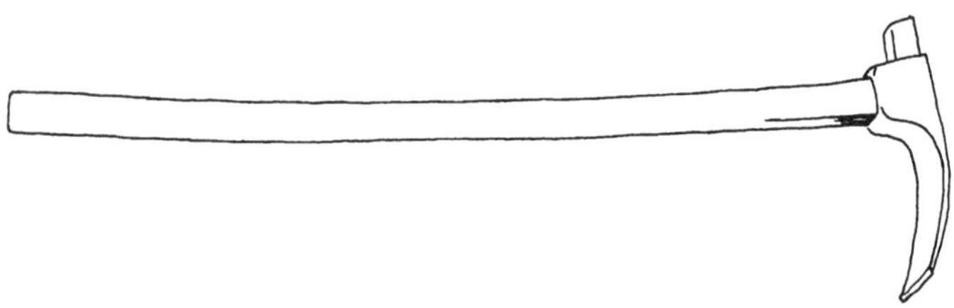

Dechsel

13 Schraubendreher

Auch wieder eines der Werkzeuge, die ich eigentlich nicht mit aufführen wollte. Aber – wer kennt nicht die häßlichen, verkratzten Schrauben an teuren Waffen? Und wer hat sich nicht schon beim Hochsitz- oder Fallenbau über die abgeranzten Schraubendreher geärgert, die eigentlich nur noch zum Farbe umrühren geeignet sind? Aber wenn man sich erst einmal an gutes und gepflegtes Werkzeug gewöhnt hat, dann möchte man es nicht mehr missen. Auch beim Schraubendreher – nicht Schraubenzieher, denn er dreht die Schrauben und zieht sie nicht – ist das Verständnis der Funktion der Schlüssel zur richtigen Anwendung und Pflege.

Beginnen wir mit der Schraube. Um eine Schraube zu drehen, ist in den Kopf der Schraube ein Schlitz eingesägt. Die moderneren Kreuzschlitz- oder Torx-Schrauben lasse ich hier außen vor, weil man die dazu passenden Schraubendreher erstens nicht richtig schleifen kann und weil zweitens an Waffen so gut wie keine Kreuzschlitzschrauben verwendet werden. Um in der Schraube ausreichend Halt zu finden, muß der Schraubendreher richtig in den Schraubenschlitz passen. Eine leicht keilförmige Spitze hat zur Folge, daß sich der Schraubendreher aus dem Schlitz heraushebt. Ist er zu dick, klemmt er sich im oberen Rand des Schraubenschlitzes fest und täuscht vor zu passen.

Beim Drehen geht die ganze Kraft auf den Rand, dieser wird beschädigt und der Schraubendreher wird aus dem Schlitz gehoben. Man verwendet zuviel Kraft, um den Schraubendreher im Schlitz zu halten.

Aus diesem Grund werden die beiden Seitenflächen des Schraubendrehers mindestens parallel ausgeformt, wenn nicht sogar leicht hinterschliffen. Die Stirnfläche muß exakt auf den Boden des Schraubenschlitzes passen. Beim Versenken von Holzschrauben sollte man daran denken, daß der Schraubendreher mit in das Loch passen muß und nicht die Ränder mit ausfransen darf.

Die Schraubendreher aus den Grabbelkisten im Baumarkt sind fast immer nicht ausreichend gehärtet. Ich benutze selbst hergestellte Schraubendreher aus alten Paukklingen für das Studentische Fechten. Von diesen ausgemusterten Klingen breche ich passende Stücke ab und setze sie in ein hölzernes Feilenheft ein. Die andere Seite wird passend angeschliffen. Der ausgezeichnete Stahl behält lange die scharfen Kanten, die einen guten Schraubendreher ausmachen.

Wer viel Schrauben eindreht, wird schnell merken, daß man bei einem schlechten Schraubendreher viel Kraft dafür aufwendet, den Dreher im Schlitz zu halten. Bei weichen Messingschrauben kann man auch den Schraubendreher an der Stirnseite mit dem Hammer leicht stauchen, so daß ein leichter Grat entsteht. Dieser beißt sich dann in dem weichen Messing fest. Weiterhin kann man das Schrauben in Holz dadurch vereinfachen, daß man die Schrauben mit Kerzenwachs, Seife oder Rindertalg fettet, indem man mit den ersten vier oder fünf Windungen etwas von dem Schmiermittel abkratzt.

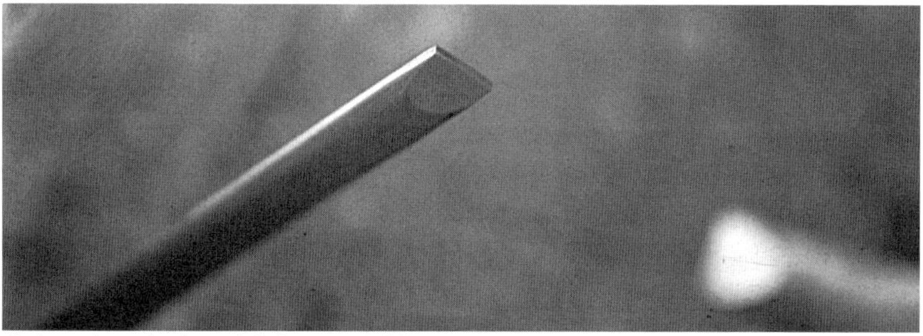

Schraubendreher richtig geschliffen

14 Scheren

14.1 Schleifen von Papierscheren

Bei den Scheren gibt es verschiedene Funktionsweisen, die unterschiedliche Schleifarten erfordern. Zum einen die Papierscheren, die aus zwei Hälften bestehen, die sich beim Schneiden immer nur an einem Punkt berühren. Dieser Kontaktpunkt der beiden Schenkel läuft immer weiter nach vorne, je mehr man die Schere schließt. Die beiden Schenkel sind fast rechtwinklig angeschliffen und diese Schliff-Flächen werden aneinander vorbeigeführt. Befindet sich Schnittgut dazwischen, dann wird es zertrennt. Ähnlich verhält es sich mit den normalen Rosenscheren, die aber einen Schenkel scharf geschliffen haben, um das Schnittgut zu zerteilen. Auch hier haben die beiden Schenkel einen Kontaktpunkt, der nach vorne läuft, wenn die Schere geschlossen wird. Als dritte Art gelten die Löwescheren, benannt nach der Firma Löwe. Dabei wird eine einzelne, wie ein Messer geschliffene Klinge auf einen Amboß aus Aluminium geführt, Das Schnittgut wird durch das Messer zertrennt, der Amboß dient als Gegenlager. Bei den neueren Modellen bekommt das Messer durch eine Hebelübersetzung zusätzlich einen ziehenden Schnitt und dadurch mehr Wirksamkeit.

Beim Schleifen von Papierscheren kann man sich wegen der mangelhaften Stahlqualität vieler Modelle dadurch behelfen, daß man mit einem relativ rauhen Stahl die Schneide entlangstreicht.

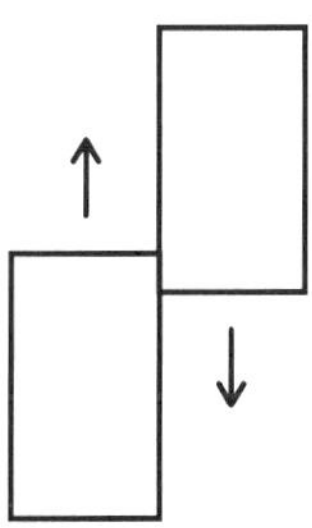

Querschnitt: Die beiden Scherenschneiden gleiten aneinander vorbei

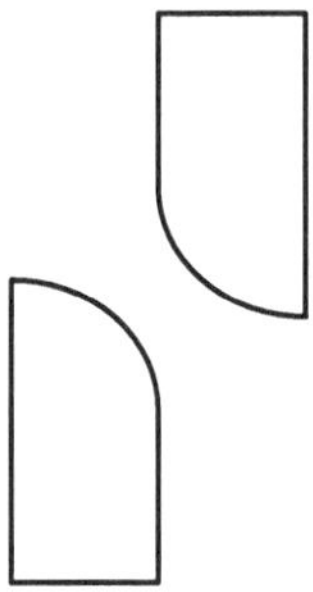

Querschnitt: Die Schneidkanten sind abgerundet, das Papier wird gequetscht

Beim Schleifen der Scheren geht man vor wie beim Bearbeiten von einseitig geschliffenen Klingen. Die Abbildung zeigt, welcher Tel der Schneide entfernt werden muß. Im nächsten Schritt muß dann der „Schnitt" der Schere wieder hergestellt werden. Die Scherenschenkel werden so gerichtet, daß der Kontaktpunkt beim Schließen kontinuierlich nach vorne läuft.

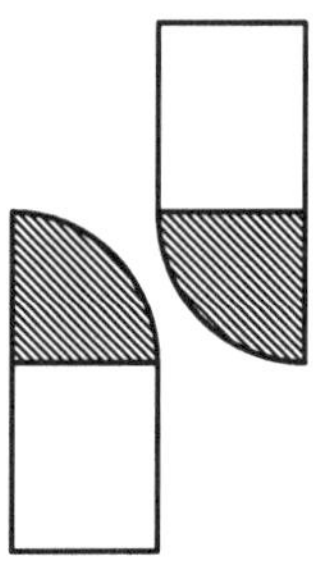

Querschnitt: Der schraffierte Teil muß entfernt werden, dann schneidet die Schere wieder.

Ist die Schere an beiden Schenkeln sauber angeschliffen, sollte man die beiden Schneiden abstreichen. So schneiden sie nicht ineinander, sondern gleiten aneinander vorbei.

14.2 Schleifen von Löwescheren

Vor dem Schleifen wird die Schere auseinandergebaut. Dazu steckt man in das Loch, das für das Zerlegen vorgesehen ist, einen Nagel und legt somit die Feder fest. Dann kann man die beiden Teile der Schere auseinanderschrauben und voneinander trennen. Das Messer wird wie ein normales Messer auf dem Bandschleifer geschliffen. Wichtig ist, daß das Messer den Amboß zuerst mit der Spitze berührt. Als nächstes wird der Amboß – falls er abgenutzt sein sollte – am Bandschleifer wieder eingeebnet. Nach dem Zusammenbau der Schere ist sie wieder in der Lage,

Haselnußstecken zu schneiden, die so groß sind, daß sie geraden in die Öffnung der Schere passen.

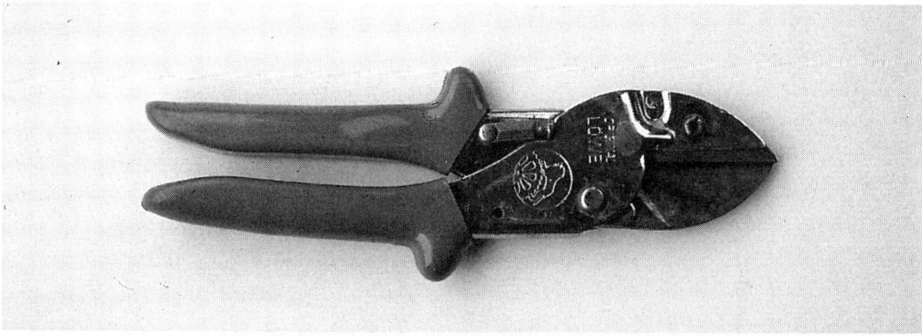

Löweschere

14.3 Schleifen von Rosenscheren

Rosenscheren werden wie Papierscheren geschliffen, sie unterscheiden sich von diesen aber dadurch, daß ein Schenkel wesentlich schlanker angeschliffen ist. Das Schleifen an sich stellt kaum ein Problem dar, kniffliger ist die Aufgabe, den richtigen Schnitt einzustellen. Auch hierbei sollte der Kontaktpunkt der Schneiden beim Schließen kontinuierlich nach vorn laufen, und die beiden Schenkel sollten etwas unter Spannung stehen. Das geht nur, wenn die Schraube, die als Drehpunkt eingesetzt ist, mit einem Federring und am besten mit einer selbstsichernden Mutter ausgestattet ist. Von der Instandhaltung her sind die Löwescheren besser, und man sollte bei einer Neuanschaffung diesen den Vorzug geben. Nicht nur, weil sie von der Leistung her wesentlich besser sind, sondern auch, weil sie sich besser instandhalten und nachschärfen lassen.

15 Troubleshooting

15.1 Reparatur von Messerscheiden

Schwachstellen bei den üblichen Messerscheiden sind einmal die Spitze, an der das Messer die Naht durchtrennen kann, und der obere Teil der Scheide, der durch das Versorgen des Messers zerschnitten wird.

Beim Durchtrennen der Naht am unteren Ende einer Köcherscheide ist nicht nur ein Nachnähen notwendig. Vielmehr ist die Scheide falsch konstruiert. Das Messer muß mit seinem Handschutz und nicht mit der Spitze in der Scheide aufliegen. Daher ist eine „Reparatur" der Scheide durch ein Flicken der offenen Naht mit Draht oder Nieten falsch. Vielmehr muß der richtige Sitz des Messers dadurch wieder hergestellt werden, daß auf Höhe des Handschutzes ein leichter Abnäher dort die Auflage bildet und das Messer nicht so weit in die Scheide rutschen kann, daß es die untere Naht erreicht.

15.2 Leder nähen

Jeder Messerliebhaber wird über kurz oder lang in die Verlegenheit kommen, Leder nähen zu müssen. Deshalb hier die ultimative Anleitung.

Um Sattelleder zu vernähen, benötigt man einige Werkzeuge. Um das Leder zu halten, genügt ein Schraubstock, zum Schneiden ein Bastelmesser, zum Vorstechen eine im Querschnitt rautenförmig geschliffene Ahle, eine runde Ahle, Nähnadeln für Leder, die eine abgerundete Spitze haben, einen Zirkel, um die Lochabstände zu markieren, einige kleine Nägel, um das Leder zusammenzuheften, Nähzwirn, Pech und Bienenwachs. Zum Markieren benutzt man ein Falzbein aus Knochen, das in guten Schreibwarengeschäften erhältlich ist. Mit diesem Falzbein kann man mit der spitzen Seite auf der Narbenseite des Leders anzeichnen, und mit der anderen Seite kann man die Striche – wenn sie nicht zu tief sind – wieder ausradieren. Außerdem werden damit die Nähte und Kanten geglättet.

Um eines vorweg zu sagen: der richtige Faden ist wichtig für die Haltbarkeit einer Naht. Mit gutem Material genäht hält die Naht so lange wie das Leder. Der Faden sollte so lang sein, daß nach dem Anbringen der Nadeln diese genau eine Armspanne lang sind (es sei denn, man braucht wesentlich weniger). Ein längerer Faden ist nur unhandlich; ihn zu verarbeiten nimmt mehr Zeit in Anspruch als einen zweiten Faden vorzubereiten. Der Faden wird von der Rolle abgeschnitten und die beiden Enden, die jeweils mit einer Nadel versehen werden, werden ausgefranst und angespitzt. Danach wird der Faden, um ihn dauerhafter zu machen, mit Pech eingerieben. Dazu wird er schnell durch den Klotz gezogen, so daß das Pech warm und flüssig wird und sich mit dem Faden verbindet. Dadurch wird der Faden klebrig. Um den Faden wieder „glitschig" zu machen, wird er anschließend einige Male durch das Bienenwachs gezogen.

Auf diesen so vorbereiteten Faden können die beiden Nadeln angebracht werden, an jedem Ende eine. Dazu wird eine Nadel etwa eine Handbreit vom Ende her in der Mitte durch den Faden gestochen, und dann ein zweites Mal zwei Zentimeter weiter zum langen Ende hin. Der Faden ist jetzt zweimal von der Nadel durchstochen. Das angespitzte Ende des Fadens schiebt man durch das Öhr der Nadel und zieht das lange Ende und somit auch die beiden durchstochenen Teile des Fadens über das Öhr. Der Faden verschlauft sich und die Nadel ist nicht mehr vom Faden zu trennen. Durch das Anspitzen und das geschickte Anschlaufen ist die Nadel nicht dicker als der Faden. Durch das Pech verklebt der Faden und löst sich nicht mehr.

Die Vorbereitung der Messerscheide verlangt weitaus mehr Fingerfertigkeit, wenn sie hinterher auch passen soll. Zum Anfang eine einfache Naht, wir sie beispielsweise bei einer Gürtelschlaufe vorkommt: Das Ende der Schlaufe wird – je nach Dicke des Leders – auf einer Länge von einem Zentimeter angespitzt (ausgeschärft), um den Übergang von Leder zu Leder glatter zu gestalten. Dann wird die Naht auf der Schlaufe angezeichnet, erst der Abstand vom Rand, dann der Abstand von Loch zu Loch. Dabei hilft der Stechzirkel. Die Naht wird dann entweder mit einem Aushebewerkzeug – wenn vorhanden – oder durch einen leichten V-Schnitt mit dem Messer versenkt. Das Leder wird zwar etwas geschwächt, aber dafür kann die Naht nicht durchscheuern. Man beginnt mit dem Zusammenheften der Lederteile mit kleinen Nägeln, die die Stecknadeln des Sattlers sind. An den wichtigen Punkten der Naht wird ein Nagel eingeschlagen, so daß er auf beiden Seiten heraussteht. Auf der anderen Nahtseite sieht man jetzt den genauen Verlauf und kann auch dort die Naht mit einigen Schnitten versenken.

Als nächstes wird das Werkstück in einen Schraubstock oder Nähkloben gespannt. Man näht immer von sich weg, also muß der erste Stich einem am nächsten liegen. Die Ahle wird leicht schräg eingestochen, wieder herausgezogen und in der rechten Hand behalten. Die eine Seite des Fadens wird bis zur Mitte durch das Loch gezogen. Man hält dann in der linken Hand eine Nadel und in der rechten Hand eine Nadel und die Ahle.

Mit der Ahle wird der zweite Stich nun durch beide Lederlagen geführt. Die Ahle wird herausgezogen und mit der linken Hand wird die Nadel durch das vorgestochene Loch gesteckt. Die rechte Hand legt die rechte Nadel – die Ahle ist immer noch in der rechten Hand und wird auch nicht weggelegt – im rechten Winkel, Mitte über der Mitte, auf die im Leder steckende Nadel. Dann erfassen Daumen und Zeigefinger der rechten Hand die beiden Nadeln an der Stelle, an der sie sich überkreuzen, ziehen die linke Nadel aus dem Loch und stecken die rechte Nadel durch das Loch. Dort wird sie von der linken Hand ergriffen, und beide Hände ziehen den Faden straff.

Auf diese Art geht es nun die ganze Naht entlang, bis man am Ende angekommen ist. Zum Abschluß näht man zwei Stiche wieder zurück, wobei dann aber mit der runden Ahle vorgestochen werden muß, um den Faden nicht zu zerschneiden. Die mit dem Pech behandelten Fäden kleben aneinander und können sich so nicht lösen. Die beiden Enden des Fadens werden bündig mit dem Leder abgeschnitten. Mit dem Falzbein oder einem runden Stück Holz – ein Feilenheft ist auch gut geeignet – reibt man den Faden in die Versenkung ein.

Die Kante des Leders wird mit einem Lederhobel (Rasierklingenhobel) oder mit viel Gefühl und einem scharfen Messer gerade geschnitten. Die Kanten werden leicht gebrochen und das ganzen am Bandschleifer übergeschliffen. Dabei immer die Laufrichtung ändern, damit die Fasern des Leders richtig abgetrennt werden.

Ist die Kante glatt, wird sie mit Speichel eingestrichen und mit dem Falzbein oder einem Stück Holz poliert. Danach wird die Kante – wie der Rest des Leders – mit Lederpflege behandelt. Aber bitte nicht zuviel, da das Leder nicht zu weich werden darf, es erfüllt sonst seinen Zweck nicht mehr.

Im folgenden werden die Handgriffe nochmals im Bild dargestellt.

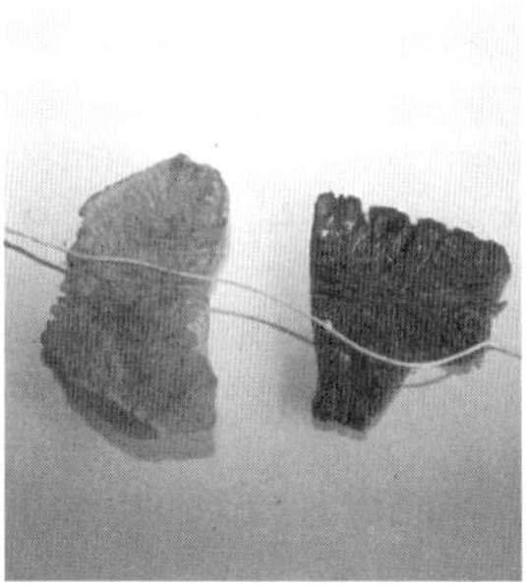

Der Faden wird angespitzt und durch Pech und Wachs gezogen

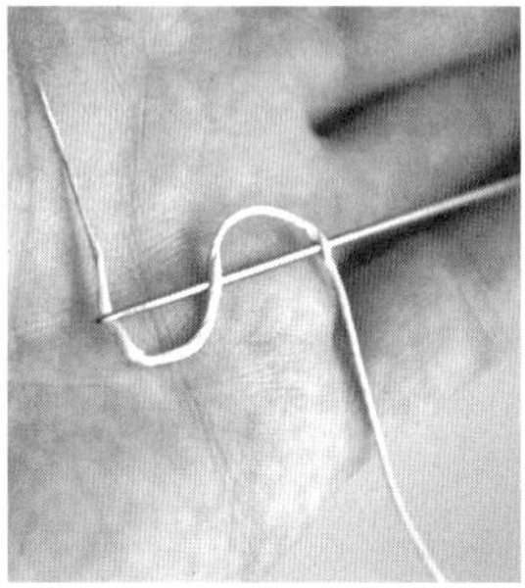

Mit der Nadel zweimal durch den Faden stechen, dann in das Öhr einfädeln

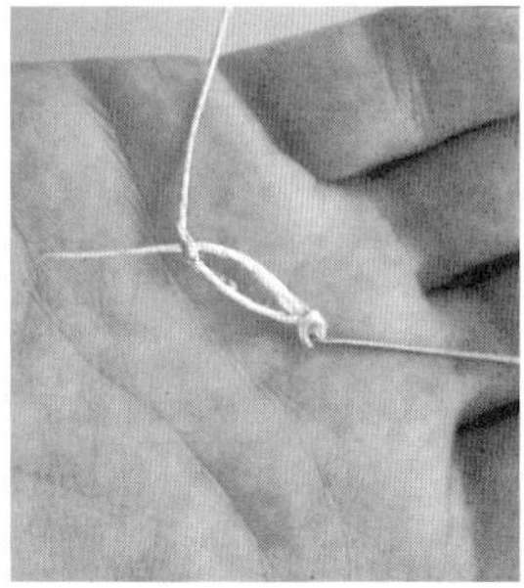

Den Faden nach hinten ziehen

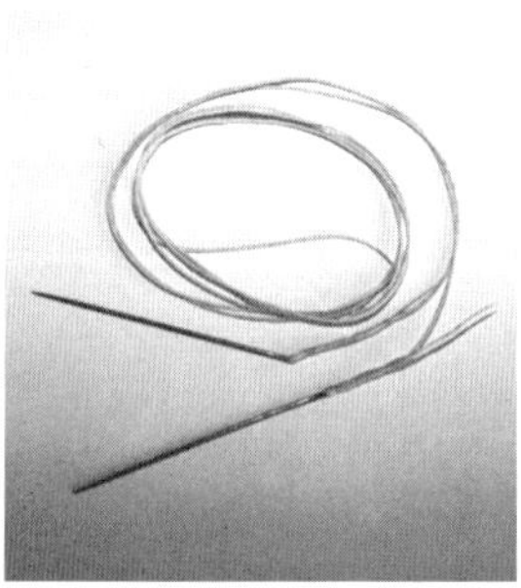

Fertiger Faden mit Nadel an jedem Ende

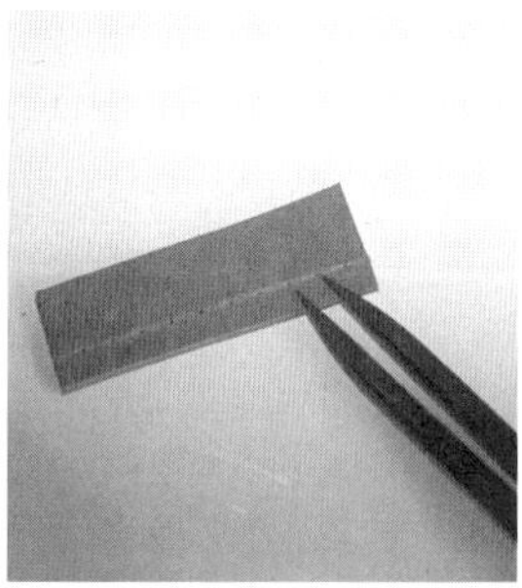

Mit dem Zirkel den Lochabstand festlegen und Kerbe zum Versenken der Naht schneiden

Leder ist mit Nägeln geheftet und eingespannt und wird mit der Ahle gelocht

Die linke Nadel steht aus dem Loch, die rechte Nadel wird darunter gelegt

Die Naht, wie sie sein soll

Zum Abschluß wird zwei Stiche zurück genäht

15.3 Nieten

Beim Nieten von Leder hat man die Möglichkeit, sich mit den Konfektionsnieten aus dem Baumarkt zu behelfen. Dies ist sicherlich die optisch und handwerklich schlechteste Lösung. Richtige Sattlerniete bestehen aus einem Kupferniet und einer Unterlegscheibe. Das zu vernietende Leder wird gelocht, so daß sich die Niete leicht durchstecken läßt. Die Unterlegscheibe wird über die Niete gesteckt und das ganze zusammengedrückt, um die notwendige Länge der Niete festzustellen. Der Überstand soll etwa zwei Millimeter betragen. Auf diese Länge wird die Niete abgeschnitten, wobei die Schnittfläche hinterher schön flach und auf keinen Fall angespitzt sein soll. Zum Vernieten wird das Ende mit vielen leichten Hammerschlägen zu einer Art „Pilz" abgerundet. Der Niet soll dadurch über der Unterlegscheibe so verdickt werden, daß die Scheibe nicht abrutschen kann. Man formt so den Nietkopf. Einen Nachteil haben aber diese Kupferniete: sie bilden auf dem Leder Grünspan. Dafür haben sie gegenüber den Konfektionsnieten einen Vorteil: sie halten.

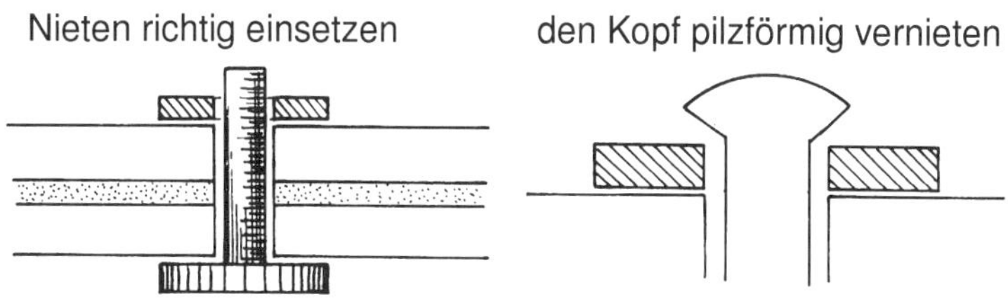

Nieten

15.4 Schutzhüllen für Werkzeuge

Schneidwerkzeuge müssen mit Schutzhüllen versehen werden. Wenn sie so scharf sind, wie sie sein sollte, dann kommt man eigentlich ganz von selbst auf diesen Gedanken. Die Formen und Materialien der Schutzhüllen für Äxte sind sehr unterschiedlich. Es gibt flexible Schutzhüllen aus Gummi, die nur direkt die Schneide schützen. Die meisten Modelle aus Leder oder Kunstleder sind so dünn, daß man sie beim unvorsichtigen Anlegen schon zerschneidet. Einige Hüllen sind dafür vorgesehen, die Axt am Gürtel zu befestigen. Eine Axt ist aber meist zu schwer dazu, sie sollte im Rucksack untergebracht werden.

Das einzig Richtige ist, sich taugliche Schutzhüllen selbst herzustellen. Die erste Möglichkeit ist, sich aus dickem Leder die Hüllen wie oben beschrieben zu nähen. Mögliche Formen gehen aus der Abbildung hervor. Es ist dabei nicht verkehrt, die Kanten mit richtigen Kupfernieten zu verstärken. Zum Verschluß der Lederhüllen gibt es Beiltaschenknöpfe, die man schrauben kann. Diese sind eine sehr gute Lösung. Das Leder wird gelocht, das Unterteil vom Beiltaschenknopf hindurchgesteckt, die Schraube mit Nagellack oder Klebstoff eingestrichen und das Oberteil aufgeschraubt. Das Gegenstück ist ein „Knopfloch" im Leder. Dazu markiert man sich die Stelle, an der der Beiltaschenknopf bei geschlossener Hülle liegen soll. Dort wird ein Loch gestanzt, dessen Durchmesser in etwa dem Schaft des Beiltaschenknopfes entspricht. Etwa einen Zentimeter darüber – der Zug im Leder soll den Beiltaschenknopf in das untere, größere Loch ziehen – wird ein kleines Loch gestanzt. Dieses Loch hat nur die Aufgabe, ein Ausreißen des Leders zu verhindern. Die beiden Löcher werden dann mit einem Schnitt verbunden.

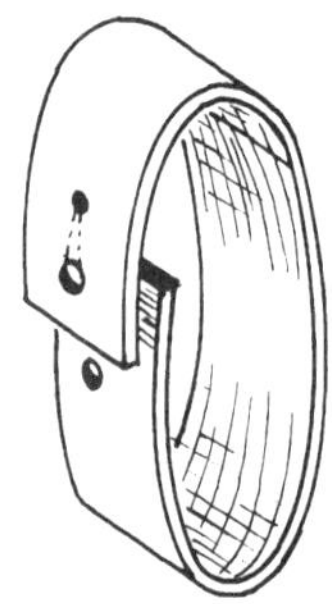

Richtig lochen

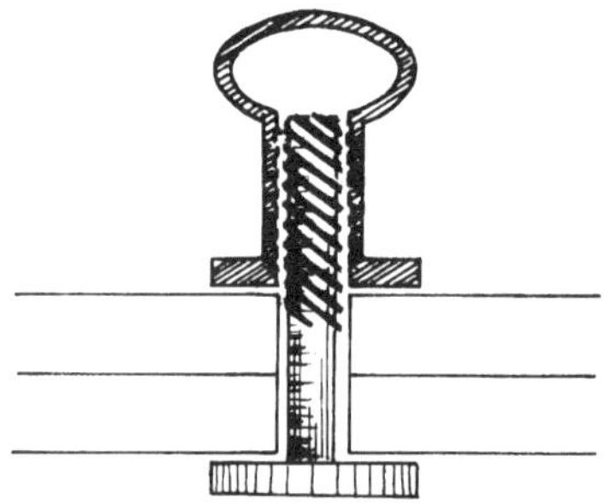

Beiltaschenknopf verschrauben

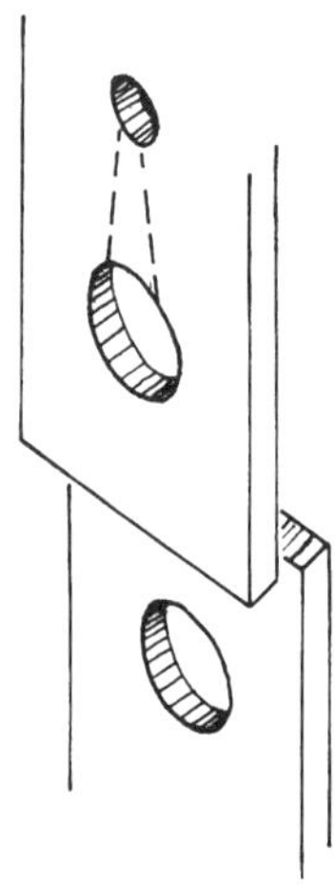

Funktionsweise der Beiltaschenknöpfe

Holz ist das andere Material, das man für Schutzhüllen verwenden kann, am besten Sperrholz.

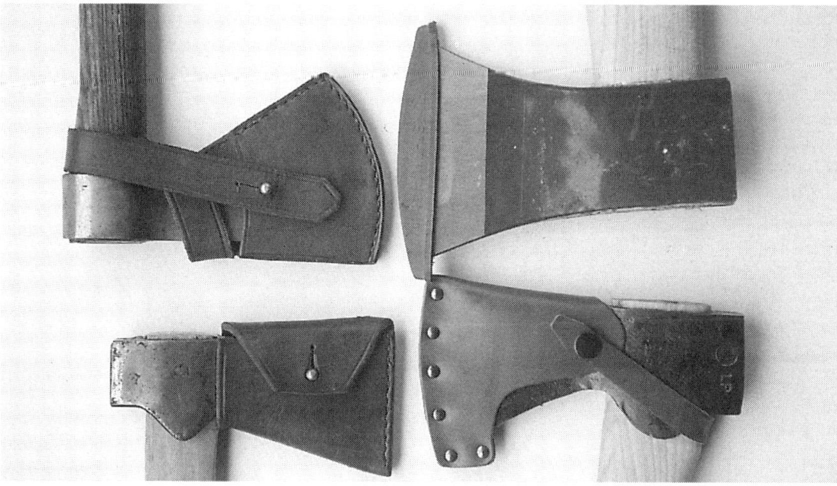

Schutzhüllen für Äxte

Wem diese Hüllen zu aufwendig sind, der kann sich aus einem alten Fahrradmantel einfache Hüllen anfertigen. Ein passendes Stück wird aus dem Reifen ausgeschnitten und an den beiden Enden vernietet. Das sieht zwar nicht sehr professionell aus, ist aber immer noch sicherer als gar keine Hülle.

Register

Abbildungsverzeichnis

Händlerverzeichnis

Geordnet nach Postleitzahlen

Waffen Stötzer
Wittenberger Str. 110 C; 01277 Dresden; Tel: 0351-3101071

W. Bröcker, Nachf. K.-P. Lehmann
Gr. Kalandstr. 10; 06667; Weißenfels; Tel: 03443-303842

Ralf Holdorf
Frankfurter Allee 78; 10247 Berlin, 030-2911576

Rita Neumann, Messerschmeidemeisterin
Karl-Marx-Str. 21; 12043 Berlin; Tel: 030-6235706

Eduard Hoerning & Co.
Lilienstraße 2-8; 20095 Hamburg; Tel: 040-335129

Waffen-Dittmar
Unter den Linden 5; 29614 Soltau; Tel: 05191-3617

Grube KG Forstgerätestelle
Hützeler Damm 38; 29646 Hützel; Tel: 05194-9000

Wilhelm Piel
Hollweder Str. 17; 32312 Stemwede; Tel: 05745-2122

Hans Kratz Jagd- und Sportwaffen
Mittelstr. 44; 32657 Lemgo; Tel: 05261-4194

Freizeit-Shop Günther
Oberbachstr. 53; 37603 Holzminden; Tel: 05531-7982

Messer Hessel
Steinweg 14; 38100 Braunschweig; Tel: 0531-41098

G. und S. Knappworst KG, Büchsenmachermeisterbetrieb
Fallersleber Str. 12; 38100 Braunschweig; Tel: 0531-45182

Ulrich Reitmann Maßschäfterei und Waffenhandel
Hauptstr. 31 a; 38173 Hötzum; Tel: 05305-1548

F. W. Börgermann
Bergerstr. 15; 40213 Düsseldorf; Tel: 0211-131255

Hubertus, Kuno Ritter GmbH & Co. KG
Wuppertaler Straße 147; 42653 Solingen; Tel: 0212-591994

C.Jul. Herbertz
Mangenberger Str. 336; 42655 Solingen; Tel: 0212-203032

Heinrich Böker Baumwerk
Schützenstraße 30; 42659 Solingen; Tel: 0212-40120

Carl Linder Nachf.
Erholungstraße 10; 42699 Solingen; Tel: 0212-330856

Die Klinge, M. Schwiedergoll
Kreuzstraße 44; 44139 Dortmund; Tel: 0231-100997

Stahlwaren Schallbruch
Turmstr. 19; 45127 Essen; Tel: 0201-2222732

Messerstudio Hayn
Rembrandtstr. 10; 49191 Belm; Tel: 05406-2276

Messer Matheisen
Hohe Str. 137; 50667 Köln; Tel: 0221-2580494

Friedrich Deckers
Kesselgasse 3; 53111 Bonn; Tel: 0228-725943

Waffen Petrusic
Pfützenstr. 6; 54290 Trier; Tel: 0651-44944

Stahlwarenhaus Schumacher
Löhrstr. 86; 56068 Koblenz; Tel: 0261-34837

Wolfgang Schmidt OHG
Haingasse 12; 61348 Bad Homburg v. d. H.; Tel: 06172-685444

Gütting Rasierer- und Stahlwarenpassage
Schuchardstr. 10; 64283 Darmstadt; Tel: 06151-24314

Der fleißige Biber, Harvey A. Silk
Postfach 1166; 64343 Griesheim; Tel: 06155-2231

Lützenkirchen
Stephansgasse 18; 67547 Worms; Tel: 06241-25164

Karle´ Jagd- u. Sportwaffen
Heckerstr. 18; 68723 Schwetzingen; Tel: 06202-29118

Magnus Villing GmbH
Königstr. 22; 70173 Stuttgart; Tel: 0711-2264846

WMC Waffen + Messer-Centrum GmbH
Tübinger Str. 1; 70178 Stuttgart; Tel: 0711-233383

Haller Stahlwarenhaus
Haldenstraße 6; 74544 Michelbach/Bilz; Tel: 0791-47003

Wolf Borger
Benzstraße 8; 76670 Graben-Neudorf; Tel: 07255-72304

Waffen-Seeber
Marktstr. 62; 76829 Landau/Pfalz; Tel: 06341-88429

Norservice GmbH Albicker
Emmendingerstr. 4; 79331 Teningen; Tel: 07641-55954

Holz Leute
Viktualienmarkt 15; 80331 München; Tel: 089-268248

Waffen Daurer
Adlzreiterstr. 4; 83022 Rosenheim; Tel: 08031-32559

Frank Wojtinowski
Bahnhofstraße 11; 83417 Kirchanschöring; Tel: 08685-1789

Waffen-Günther oHG
Annastraße 32; 86150 Augsburg; Tel: 0821-511161

Waffen Beer
Fürstenstr. 6; 87439 Kempten; Tel: 0831-522740

Messer Massari
Obere Karlstr. 24; 91054 Erlangen; Tel: 09131-24137

Der Messermo Inh. S. Oklmann
Von-Römer-Str. 4; 95444 Bayreuth; Tel: 0921-66000

linder ATS 34
Original Solinger Wertarbeit!
linder® SOLINGEN
Eine Klasse für sich!
Nr. 102709
Super Edge 1.
ATS 34 - SUPER EDGE 1
Das Jagdmesser für höchste Ansprüche mit rostfreier 9 cm Klinge aus Premium-Stahl ATS 34 (60 Rockwell! Vakuum-/Eis-Härtung). Griff aus rutschsicherem, nässeunempfindlichem Kraton (Elastomer). In 3 mm starker Vollrindlederscheide.
Empf. VK DM 165,–
Mehr im Linder Hauptkatalog Nr. 21 (120 Seiten Farbe). Gegen Schutzgebühr von DM 10,– in Briefmarken oder Schein anfordern bei:
Carl Linder Nachf., Messerfabrik, Erholungstr. 10, 42699 Solingen.

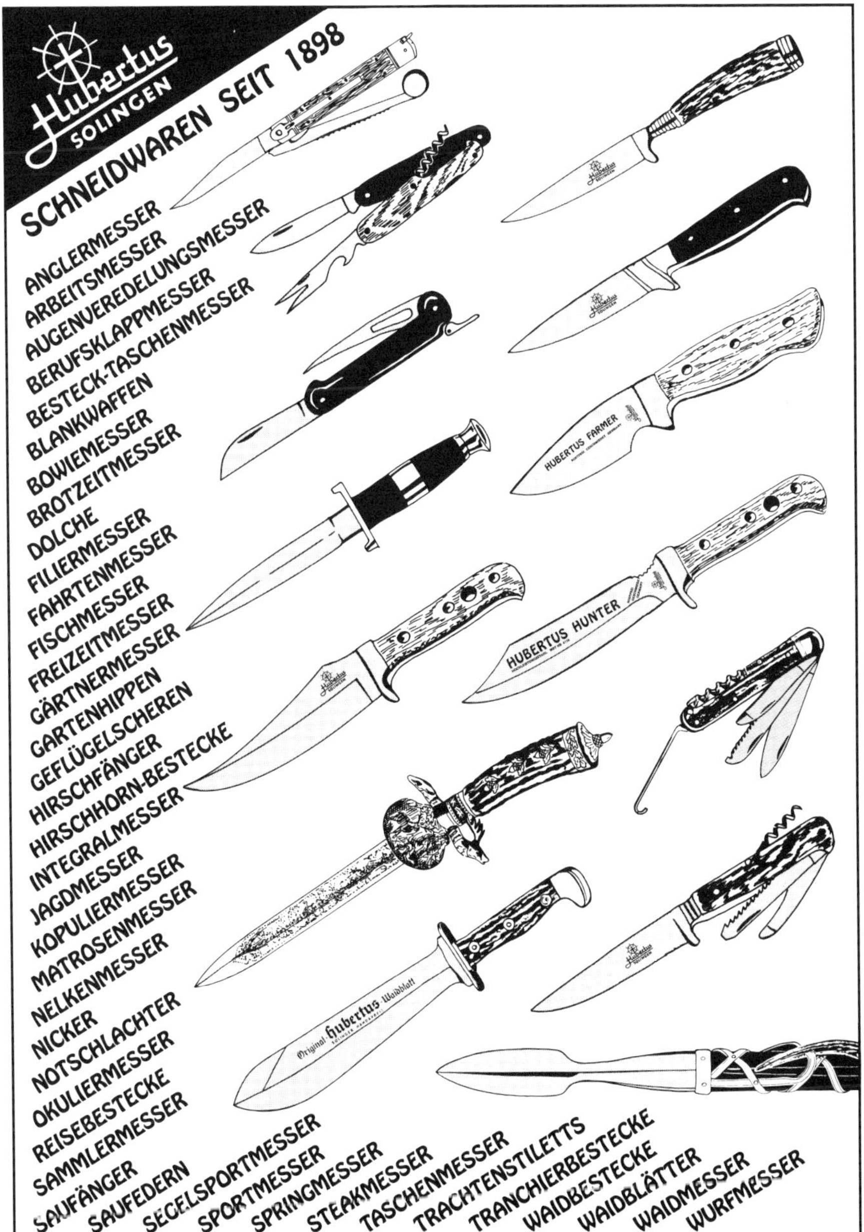
Hubertus
SOLINGEN
SCHNEIDWAREN SEIT 1898
ANGLERMESSER
ARBEITSMESSER
AUGENVEREDELUNGSMESSER
BERUFSKLAPPMESSER
BESTECK-TASCHENMESSER
BLANKWAFFEN
BOWIEMESSER
BROTZEITMESSER
DOLCHE
FILIERMESSER
FAHRTENMESSER
FISCHMESSER
FREIZEITMESSER
GÄRTNERMESSER
GARTENHIPPEN
GEFLÜGELSCHEREN
HIRSCHFÄNGER
HIRSCHHORN-BESTECKE
INTEGRALMESSER
JAGDMESSER
KOPULIERMESSER
MATROSENMESSER
NELKENMESSER
NICKER
NOTSCHLACHTER
OKULIERMESSER
REISEBESTECKE
SAMMLERMESSER
SAUFÄNGER
SAUFEDERN
SEGELSPORTMESSER
SPORTMESSER
SPRINGMESSER
STEAKMESSER
TASCHENMESSER
TRACHTENSTILETTS
TRANCHIERBESTECKE
WAIDBESTECKE
WAIDBLÄTTER
WAIDMESSER
WURFMESSER
HUBERTUS FARMER
HUBERTUS HUNTER
Original Hubertus Waidblatt